GraphQL 实战

——写给全栈工程师们

王北南　著

机械工业出版社

本书以当下流行的移动互联网应用开发为切入点，结合作者多年的前后端实际架构经验，针对目前互联网上程序员们对 GraphQL 的疑问和误解，并辅以业界真实案例，对前后端设计中的难点要点分别加以介绍。在前端，本书重点讲述了如何提升用户体验和响应速度；在后端，主要讲解了在高并发海量数据环境下的设计与优化；最后，还介绍了如何让 GraphQL 与大数据平台整合来训练机器学习模型。

　　本书内容涵盖前端、后端和大数据平台开发，非常适合全栈程序员阅读，也可作为前端程序员、后端程序员、大数据工程师、算法工程师和技术型产品经理提升知识储备的参考书。

图书在版编目（CIP）数据

GraphQL 实战：写给全栈工程师们 / 王北南著．—北京：机械工业出版社，2019.7

ISBN 978-7-111-63093-7

Ⅰ．①G…　Ⅱ．①王…　Ⅲ．①检索语言－程序设计　Ⅳ．①TP312.8

中国版本图书馆 CIP 数据核字（2019）第 131397 号

机械工业出版社（北京市百万庄大街 22 号　邮政编码 100037）
策划编辑：孙　业　　责任编辑：孙　业　李晓波
责任校对：张艳霞　　责任印制：张　博

三河市宏达印刷有限公司印刷

2019 年 7 月·第 1 版·第 1 次印刷
184mm×260mm·12.25 印张·301 千字
0001－3000 册
标准书号：ISBN 978-7-111-63093-7
定价：59.00 元

电话服务　　　　　　　　　　网络服务
客服电话：010-88361066　　机　工　官　网：www.cmpbook.com
　　　　　010-88379833　　机　工　官　博：weibo.com/cmp1952
　　　　　010-68326294　　金　书　网：www.golden-book.com
封底无防伪标均为盗版　　　　机工教育服务网：www.cmpedu.com

前　　言

　　这是一本写给一线软件研发人员的书。我希望能借本书把自己多年来的系统设计经验（通俗来说就是踩的坑）和大家分享一下。

　　我并不是因为看到很多硅谷公司——Facebook、GitHub 以及 Twitter 等都开始大量使用 GraphQL 了，才跟风写这本书的。恰恰相反，我开始筹划这本书是因为听说了非常多的公司内部为 GraphQL 产生了激烈的争吵，有的公司是前端工程师很想用，但是后端工程师担心 GraphQL 性能有问题而拼命阻挠；有的公司是后端工程师很想用，但是前端工程师认为使用 GraphQL 工作量太大而拼命阻挠。因为前后端的程序员往往会有不同的出发点和诉求，各公司也会有不同的实际情况，而且使用 GraphQL 也的确会给已有系统的前后端造成很大的改动和影响，让很多公司和团队顾虑重重，一直犹豫不决。我觉得是时候把真实项目中使用 GraphQL 可能会遇到的种种问题整理出来，写成一本书来和大家分享了。希望大家读后能对 GraphQL 少一些误解，多一些理性思考，从而做出最符合公司和团队实际利益的决定。

　　GraphQL 肯定不是包治百病的灵药，软件开发中更是没有“银弹”，有所得就必有所失。如果非要说对这个新技术的感受，我更愿意说它是“先苦后甜，痛并快乐着”。我们需要花时间来掌握这门新技术，还要花更多的时间修改已有的系统——这就是“苦”。一旦我们的系统前后端都开始支持 GraphQL，那我们的系统就会在灵活性、易用性、兼容性和安全等方面得到很大的提高——这就是“甜”。享受这些好处的同时，往往很多 GraphQL 服务在某些特定的场景下会遭遇冗余数据查询造成的性能问题——这就是“痛”。最后当我们真正了解 GraphQL 的工作方式，消除了冗余数据查询，甚至有可能得到了比以前更好的性能和可扩展性——这就是“快乐”。

　　前面谈到了前端和后端，那这本书是更适合前端工程师还是后端工程师呢？其实在我心中，工程师就是工程师，无所谓前端还是后端，这很符合近年来流行的“全栈”工程师概念。但本书对全栈工程师的知识体系要求，可能还要更广阔——不单单包括前端和后端，还会包括数据库的设计、各种测试技术、容器化部署以及负载均衡等问题。

　　我开始筹划这本书的时候，恰逢开源社区遇到一件趣事，国内某程序员到一个还挺有名的开源项目下留言——“不要再开发了，学不动了”。类似地，我在很多地方推广 GraphQL 的时候，也会遇到不少程序员朋友提出质疑，现有的开发工具已经很多了，为什么还要花时间去学 GraphQL 呢？

　　是啊，如果什么都学，人的精力终究有限，可要是不学，又担心自己被淘汰。所以我们在学习中要抓住软件开发的关键——API（应用程序接口）的设计。可以说，一套好用的 API 是一个软件系统的灵魂。而 API 设计也正是贯穿本书的主线，我借 GraphQL 这个引子，讲述各种相关的全栈技术，让大家可以做出更好的 API，更好的系统。

　　本书涉及的技术多数是这几年才出现的，很多技术还在活跃开发中，本人受自身技术水平和精力所限，只能尽量把这些技术的最新情况介绍给大家。而且到本书出版时，可能有些东西又有了新的变化。所以我会尽量保持更新我在 GitHub 上的代码库，希望读者朋友也要以自己的实际使用版本为准，不要盲目复制本书上面的代码。

毕竟 GraphQL 是非常新的领域，我也在不断地努力摸索。所以本书会存在一些不成熟甚至有错误的地方，欢迎读者朋友在 GitHub 或者其他社交媒体上和我讨论，我会持续改进。也希望读者朋友不要因为一项新技术在初始阶段的不成熟、不稳定，或者对该技术的一些误解，就对它产生了成见，从而错过学习和使用该技术的好机会。

作者

导读——本书为快速学习设计

本书各章按照真实大型分布式系统的研发实践步骤划分。读者可以按照顺序依次学习，也可以根据自己的实际情况跳到感兴趣的章节。在每一章中，会提供以下内容：

 项目：结合具体的项目，在真实的需求中学习各种技能点。

 需求：每一个功能都来自一个真实需求。

 本书所有项目的源代码和所需的其他资源都可以在 GitHub 上本书的资源库中找到。

Git Branch：本书每一个项目都会有一个或多个 Git 分支，用来展现不同的做法，同时也方便读者自己动手修改。

代码：更灵活的源代码呈现和标注方式。

动手：本书提供大量的可以自己动手或者思考的小问题，帮助读者回顾和自测新学到的技能点。

Q&A 问答：采编收集来自互联网上的真实提问以及作者的解答。

阅读前的准备

一台能上网的计算机，安装了主流操作系统（Windows、MacOS 或者 Linux），并已安装 Git。

本书提供的源代码都可以在作者的 GitHub（https://github.com/beinan）中免费下载并使用。

本书主要解决的问题

如何设计和开发基于 GraphQL 的前后端应用？
如何提高 GraphQL 应用的开发效率，缩短迭代周期？
如何优化 GraphQL 应用前后端的实现？
如何设计高并发的 GraphQL 后端应用？
如何测试和部署 GraphQL 服务？

目　录

第1章

GraphQL API 设计和全栈开发

导读：本章主要解决的问题

- GraphQL 是什么？它能解决什么问题？
- GraphQL 有什么优势和缺点？
- GraphQL 有哪些好的开源实现？

对很多读者来说，GraphQL 还是个陌生的名词。那么首先就来了解一下 GraphQL 是什么，它从何处来，又会往何处去。

1.1　什么是 GraphQL

GraphQL 是 Facebook 公司在 2015 年正式发布的一种全新数据查询方式，它优雅地解决了客户端与服务器端数据交换的难题。仅仅用两年多的时间，GraphQL 就得到了开源社区以及硅谷 IT 公司的广泛认可，并逐步取代传统的 RESTful API，被越来越多的互联网公司所采用并作为新的数据查询标准。

其实早在 2012 年 2 月 GraphQL 就由 Facebook 公司内部立项秘密研发，其早期命名为 SuperGraph，初期主要目的在于提高 Facebook 手机端从服务器端读取各种 feed 数据的效率。很快 GraphQL 在 Facebook 公司内部就受到了广泛的好评，于是 Facebook 公司的工程师们把 GraphQL 不断应用到其他各种场景。GraphQL 优越的特性使其在公司内部的推广非常顺利，各项目组很快就完成了前后端相关设计的换代。2015 年 1 月，Facebook 公司在一次技术讲座中无意间提到了 GraphQL，出乎意料地引起了巨大反响，大量围观群众追问："我们什么时候可以得到这项技术？"但此时 GraphQL 还不是一个开源项目，它只是 Facebook 公司内部所使用的一项技术。GraphQL 团队在得到公众广泛认可后十分兴奋，他们经过了几个月艰苦卓绝的工作，把 GraphQL 从 Facebook 公司庞杂的代码库中分离出来，进一步优化了 GraphQL 的语法，终于在 2015 年 7 月把 GraphQL 作为一个开源项目发布给了全世界。一个好项目的开源，往往只是一个奇迹的开始，GraphQL 很快就不再是 Facebook 公司的一家之言，很多公司和个人项目迅速跟进并提出了大量的意见反馈，让 GraphQL 在 2016 年经过一整年的发展，最终变成了一个可适用于各种生产环境（Production Ready）的开源技术。

虽然说 GraphQL 是一个很新的开源项目，但是它已经在 Facebook 公司的应用场景下实践了好几年的时间，可以说它公开发布伊始，就是一个久经考验、异常成熟的项目。而且从硅谷以及国内各互联网公司的实践反馈来看，GraphQL 的确可以提高数据的查询效率，并能很好地缩短前后端开发的迭代周期。

Facebook 公司所开源的 GraphQL 不仅仅是软件包及其源代码，更重要的是它提供了一套跨编程语言的数据查询标准⊖。在 GraphQL 的标准之下，各编程语言（Java、JavaScript、Go、PHP、Python、Scala 等）的开发者以极大的热情开发出自己语言的 GraphQL 实现，现在可以在几乎所有主流的编程语言上使用 GraphQL。

为什么 GraphQL 能如此快速地被业界接受呢？因为业界有实际的需求。那么这个实际的需求又从何而来呢？这就要从分布式系统的设计谈起。

1.2　分布式系统

在手机上打开 Facebook 或者 Twitter 的应用时，用户可能不太会去思考，其实每一次点击，都会牵动远在大洋彼岸的数据中心里数以万计的高性能服务器协同工作。这种多台计算

⊖ GraphQL Spec: http://facebook.github.io/graphql/draft/。

机通过计算机网络协同在一起为客户服务的工作方式，称为分布式系统。

通俗地讲，分布式系统就是"一个篱笆三个桩，一个好汉三个帮"的理论在计算机领域的实现。可怎么帮呢？就像篱笆一样，需要把原本独立的计算机系统通过计算机网络联系在一起。三十多年前（20 世纪 80 年代初），创建了还没两年的 Sun 公司就提出了"网络就是计算机[〇]"这句响亮的口号，用以描述每台计算机都要进入网络，成为一个巨大分布式系统的一部分。这个现在看来司空见惯的想法，当时却因为过于超前而不被人理解，还常常被人耻笑。这也难怪，受限于当时网络传输条件和信息资源的匮乏程度，人们还不能想象计算机上网能干什么。可经过三十多年的发展，分布式系统也算是"旧时王谢堂前燕，飞入寻常百姓家"，成为普通人日常生活的一部分，如今这种"平民"化的分布式系统有一个新的名字，就是"云"。

读者可能会有疑问，这分布式系统有什么特点呢？其实分布式的特点有许多且并不局限于以下几点，本书挑选一些重要的、和 GraphQL 相关的特点来讨论一下。

1.2.1　扩展性

远程的计算机服务器拥有更好的扩展升级能力，这很好理解，因为一般服务器的主板上都会提供更多的 CPU、内存以及硬盘的插槽。而普通的计算机以及手机的扩展升级能力是非常有限的。通常把这种给单独一台计算机（或者称为节点——Node）通过加 CPU、加内存等方式来提升处理能力的做法称为垂直扩展或 Scale Up。

但是单台计算机的扩展能力终归是有限的，在多数分布式系统架构中，更多的还是采用增加计算机（节点）的方式来提高分布式系统的整体处理能力。通常把这种增加节点的扩展方式称为水平扩展或 Scale Out。

需要注意的是，水平扩展并不是被分布式系统原生支持的，需要通过合理的系统设计才能让分布式系统自由地水平扩展。本书也会花大量的篇幅来着重介绍如何设计可以水平扩展的 GraphQL 系统，将会在后面的章节结合 GraphQL 的特性详细讨论。

1.2.2　可靠性

通过对分布式系统的合理设计，可以达到单机系统无法达到的高可靠性。因为任何一台计算机的软硬件都无法彻底避免发生故障，可以想象，如果只有一台服务器，很多故障都会让服务受到难以恢复的严重影响。所以分布式系统最重要的设计目标之一就是在某台或者某个集群的服务器发生故障时，可以让剩余的服务器继续正常服务。

比如 Google、Facebook、Twitter 等互联网公司一般都会允许 10%左右的服务器发生故障或者重启时，主要服务还能不受影响。又比如亚马逊的云服务机房提供了美国东西海岸、亚洲和欧洲等多个机房，在某处机房遭遇不可抗力的损害，如地震、火灾等自然灾害或者人为失误造成的断电、断网等问题时，其他机房仍然可以为客户服务，使服务不会中断。实际做起来会有很多要注意的地方，而且不少开发者担心 GraphQL 这种单一入口的 API 服务会

〇　"The Network is the Computer."—John Gage, chief scientist and master geek at Sun Microsystems.

不会造成可用性的降低等等，这些都会在后面的章节结合具体的技术详细讨论。

1.2.3 远程资源共享

互联网之所以能成为全人类革命性的里程碑，主要是因为其共享精神。如果把互联网看作一个大型分布式系统的话，世界每一个角落的计算机只要上网，就在和世界各地的服务器进行频繁的数据交换，可以享受世界各地服务器提供的数据服务。有的读者可能会说，把数据都下载到自己的计算机上不就不用上网了吗？但这会带来以下两个问题：

一是本地数据如果不联网就很难更新。如早期的车载 GPS 是不联网的，每年都要去 4S 店里更新地图，这并不能保证地图即时更新，经常会遇到地图和实际不符的情况。于是现在很多人使用智能手机上的谷歌地图导航，通过互联网，本地的地图数据可以和谷歌地图服务器上数据实时同步，哪里出现路况问题，都可以即时反映在地图上。

二是本地计算机存不下太多的数据。个人计算机的存储设备存储一本字典、一套地图、几百甚至几千小时的视频都是没有问题的，可面对谷歌搜索这样的服务，就没法在本地实现了。因为个人计算机的硬盘是无论如何也存储不下全世界所有的网页数据的。

要和互联网的服务器沟通，就需要有一套技术来和服务器交换数据，如以前的 RESTful API 和现在的 GraphQL。

1.2.4 更强的处理能力

个人计算机或者移动数字设备再怎么强大，其处理能力也是有限的。像前面提到的谷歌搜索引擎存储了世界上几乎所有的公开网页数据，不仅如此，搜索引擎服务器还能在几毫秒的时间内响应搜索请求。这是个人计算机无论如何也很难做到的。为了享受远程服务器强大的处理能力，还需要让个人计算机或移动数字设备和服务器进行数据沟通——向服务器提出请求并处理服务器返回的数据结果，这其实就是本书所介绍的 GraphQL 的主要功能。

1.3 C/S 架构与 API

1.3.1 C/S 架构

在设计分布式系统时，把功能单元分成了两种角色——服务器端和客户端。一般定义提供资源的一方是服务器端，而请求资源的一方是客户端。这种设计方式也就是 C/S（客户端/服务器端）架构方式。

C/S 架构定义了计算机功能单元之间的协同工作方式，是互联网的基础。客户端和服务器端之间的协同方式是灵活的，可以是浏览器（Browser）请求 Web 服务器（即 B/S 架构），也可以是手机上的移动应用请求 Web 或者 Socket 服务器，还可以是大数据处理程序请求分布式文件存储服务器。这些也都是本书所要介绍的 GraphQL 的应用场景。

本书因篇幅所限，无法穷尽 C/S 架构的种种组合方式。仅以时下最常用的，也是

GraphQL 最主要面对的应用场景——移动互联网应用开发的一些常见需求和设计方式为例，来讲一讲 GraphQL 的最佳实践。

1.3.2　前端与后端

从 20 世纪八九十年代开始，把包括 C/S 系统在内的大型软件系统分成很多层[θ]，最上面的也是最贴近用户的被称为表现层，最下面的也是最接近数据存储的被称为数据访问层。和表现层打交道的技术叫前端技术，和数据访问层打交道的技术叫后端技术。

程序员根据技术方向，分为前端工程师和后端工程师。这种针对前后端需求和技术栈来分别组建前后端开发团队的方式也曾经风靡一时。这种组建团队的好处在于工程师可以专注于自己所擅长的技术领域，不利之处在于实际工作中，很多需求往往横跨前端与后端，这样就需要频繁跨团队"垂直"合作，很多时候会增加沟通协调的成本以及延误项目的正常进度。

1.3.3　全栈程序员

一个好的系统不可能割裂前端与后端，工程师的职责是解决问题，既然问题往往横亘于前端与后端之间，那为什么不可以让一部分工程师兼顾前端与后端呢？于是就有了全栈工程师（也叫全栈程序员）。

Q&A　**什么样的人才可以被称作全栈程序员呢？或者说具备了怎样的知识和技能才能成为一个合格的全栈程序员呢？**

懂后端：包括服务器端的逻辑实现，也包括数据库、缓存、分布式队列的使用和设计，以及各种后端环境的搭建和部署。

懂前端：包括用户界面的开发、用户体验的优化，还有各种前端开发环境的搭建和部署。

懂设计 API：最主要的是前端和后端交换数据的 API，也包括模块与模块之间的 API。

懂质量保障：通俗地说就是测试，不单是编写测试用例和手动测试，同时作为程序员也要让自己的代码易于测试。

懂信息安全：千里之堤溃于蚁穴，在用户隐私数据重于泰山的当下，用户体验再好的应用也经不住一次信息泄露。

有的读者可能会觉得：这怎么可能呢？只专注于一个领域尚且不能精通，又如何能掌握全部的全栈技术呢？

根据著名技术网站 Stack Overflow 在 2016 年对程序员们做的调查报告[θ]，全栈程序员的数量已经达到 28.8%，远远超过后端程序员的 12.2%，移动客户端开发的 8.4%，前端程序员的 5.8%。

θ　最常见的分层方式是分为表现层、业务逻辑层和数据访问层，也就是常说的三层结构。

θ　Stackoverflow Developer Survey Results 2016：　https://insights.stackoverflow.com/survey/2016。

很多程序员信奉"凡是现实的东西都是合乎理性的，凡是合乎理性的东西都是现实的。"⊖这份调查报告则清楚地表明全栈开发不仅是现实的，而且是合乎理性的，并且正力压程序员的其他工种，成为一个新的程序员就业热点。

当然，如果用均等的精力去面对这些技术，的确很难做到全部精通。要有侧重点，在其中两三个重要领域做到精通。那不精通的领域怎么办？在这些非精通领域就要注重方法，而不是一味地追求细节。目的是解决问题，而不是成为一个 JavaScript 明星或者数据库大师。

对于全栈工程师，什么是所谓的方法呢？抛开各种具体的技术和编程语言，作者认为最重要的就是应用程序接口即 API 的设计、实现以及使用。

1.3.4 应用程序接口

为了便于服务器和客户端之间、层与层之间以及模块与模块之间互相协作，需要定义一套清晰明确的接口来让它们互相调用。而这套接口，称作应用程序接口（Application Programming Interface，简称 API）。

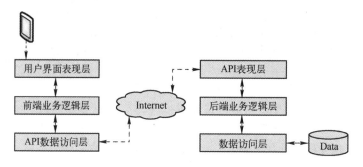

图 1-1 全栈 API 接口示意图

正如前面所说，一个好的系统是前端与后端的结合，如何结合？如图 1-1 所示，前后端的系统实现都会分成若干层⊖。从图中可以看到前端的最底层 API 数据访问层就是通过 API 的远程调用通过互联网和后端的最顶层 API 表现层交换数据。好的 API 设计是前后端顺畅结合的关键，所以对于全栈工程师，日常工作中最重要的一环，莫过于设计和实现前端与后端之间读写数据的 API。

Q&A　　**什么样的 API 才是好的 API？**

如果把计算机系统的模块想象为一支军队，那么 API 就是这支军队的操典手册。就和一支有战斗力的军队一样，要严谨而又不失灵活。好的 API 要拒绝有问题的"坏"请求，以免错误在不同系统/模块之间扩散。同时又能灵活地处理未来各种可能的新情况，而不需要经常改动接口。

⊖ 黑格尔 《法哲学原理》。
⊖ 本图是前后端系统架构常见形式的一个简单表达，在具体项目中可能会略有不同。

因为 API 是跨系统/跨模块的互相调用，由于负责开发不同部分的程序员对系统的理解不一致，容易出问题，而出了问题又不好调试。所以 API 设计必须简单明确，让人一看就懂，就算没有文档，也能让人拿起来就用。

同样因为 API 是跨系统/跨模块的，每次升级都会牵扯很多地方，这造成升级很不容易，所以一套好的 API 必须经久耐用，且能兼顾将来的需求改变，并留有扩展的余地。

API 会牵扯很多系统或者模块，正所谓牵一发而动全身，造成整个系统不易修改。而现今无论是早已如火如荼的移动互联网开发，还是方兴未艾的人工智能开发，都讲究需求快速变更，研发快速迭代。传统的 API 设计模式就显得有些捉襟见肘了。那怎么办？这样 GraphQL 也就应运而生了。本书中的 GraphQL 就是定义了一套灵活的 API 数据查询方法，极大地影响了现有的全栈开发方式。

说起 API，很多有经验的读者可能已经想到了如雷贯耳的 RESTful API，那它与 GraphQL 是什么样的关系呢？这还得从 RESTful API 的起源和它带来的问题谈起。

1.4　RESTful API 的起源与特点

说起 REST 和 RESTful API，可以追溯到 1989 年，这个世界在这一年开始有了 WWW（World Wide Web），也就是万维网。网大了，人和资源也就越来越多。服务器端，一方面要处理海量的资源，另一方面要响应海量的请求（可能来自个人，也可能来自其他的服务器）。于是服务器逐渐变成了一个过度繁忙的角色，就好像下面这个仓库保管员一样。

1.4.1　仓库保管员的窘境

小刚是一名仓库保管员，每天要处理几千人次的物品领取工作，读者觉得辛勤的小刚会喜欢下面请求的哪一种呢？

A. 领物品 A258，我要 200 个。

B. 还要昨天我领的那种，但我今天多要 100 个。

先来考虑一下选项 B，因为这个选项显得更人性化。为了实现这个人性化的请求方式，需要记得这个客人昨天领过什么以及领了多少，这要求保管员小刚有惊人的记忆力，用计算机术语来说，就是内存要很大。但超常的记忆力并不能解决以下两个问题：

- 如果哪一天小刚休假了，临时顶替小刚的保管员没有小刚的记忆，又如何知道这个客户的"老规矩"呢？
- 如果这个仓库不止小刚一个保管员，那这个老客户每次都必须要小刚来服务，因为别的保管员没有小刚的记忆。但如果小刚的十个老客户一起来了，那他们就要排队等小刚服务，别的保管员完全帮不上忙。

有的读者会想，小刚可以把这些记在小本子上啊。这其实是一个非常可行的办法，可记录和查找这条记录都需要额外的时间，还存在出错的可能性。而且如果仓库扩容了，增加到 100 个保管员，那是每个保管员都要有一个小本子，还是大家共享一个小本子呢？

- 如果每一个人都有一个小本子，每一次记录都要同时扩散到 100 个本子上，这也是个额外的消耗。每次新增加一个保管员，就需要增加一个小本子，复制所有数据到新的小本子上也需要花时间。
- 如果大家共享一个小本子，那当同时处理多个客户请求的时候，这个小本子就成了大家争抢的焦点，非常容易成为系统的瓶颈。

再来看选项 A，显然面对这样的请求，小刚就不需要去记忆客户以往的行为了，也不需要什么小本子。而且小刚有个头痛脑热的时候想请假也方便了，其他保管员很容易顶替小刚，提供和小刚一模一样的服务。每当逢年过节，突然有非常多的人一起来领物品，也只需要多派几个保管员来服务就好了。但是对于选项 A，所有的客户需要遵守请求的规范，每次领取物品的时候，需要"整齐划一"地提供保管员所要的信息，这样小刚就不需要为每个客户去记忆不必要的信息了。

服务器和保管员小刚非常类似，就是在干类似仓库保管员的工作，把保管员的记忆力映射成服务器的内存，小本子映射成数据库，很多突发的故障就好像人会生病，逢年过节就会迎来访问高峰等。于是，服务器和仓库保管员一样，都会更喜欢选项 A 这样的请求。针对选项 A 这种服务器端/客户端互动的方式，计算机科学家们给出了一个绕口的专业名词——表述性状态迁移，也就是 REST（Representational State Transfer），而基于这种方式设计出来的 API，称作 RESTful API，而提供 RESTful API 的服务，一般称为 RESTful 服务。

1.4.2　REST 无状态的好处

所谓表述性状态迁移，也就是 REST，其实就是一种请求资源的方式。来看这种方式是如何来解决服务器的窘境的，其实也就是前面的选项 A。每一个客户端请求都带有足够的信息，而不依赖其过去的状态，所以来自该客户端的请求可以被任何一个服务器来服务，客户端不需要去寻找那个最熟悉的服务器，服务器也不需要去了解任何客户端的过往。任何一个新的服务器，都可以立即投入工作去服务客户端。这些都是 REST 架构的好处。客户端和服务器端的协作方式是标准化的，针对某一类资源的增删改查（也就是 CRUD）操作，可以方便地设计出 RESTful API。

REST 架构和 RESTful API 这种无状态的特性，降低了服务器端处理问题的难度，简化了服务器端工作。因为工作变简单了，每次访问的响应延时自然也降低了。同时，REST 这种化繁为简的方式也提高了系统的可靠性（Reliability）和可用性（Availability），以及系统的弹性（Resilience）。

1.4.3　RESTful API 是否真的无状态

RESTful API 的无状态并不意味着应用就真的没有状态了，否则用户登录等 Web 应用最基本的功能就无从谈起了。RESTful API 的无状态其实是指服务器端不保存用户会话的状态。这里有两个关键点，一个是服务器端无状态，而不是客户端无状态，这意味着状态保存在了客户端。在 Web 应用中用 cookie 的形式来记录客户端的登录状态或者说是身份信息。另一个是用户会话，因为会话的状态没有保存在服务器端而是保存在了客户端，所以客户端是带着自己的身份信息一次又一次地请求服务器。类似地，浏览网页前进和回退这样的操作都依赖于用户历史操作的状态，这些状态也保存在客户端。当回退的时候，首先检查客户端的状态，找到上一次访问的 URL，然后通过这个 URL 再一次请求服务器。服务器端是不记录访问历史的，更不知道用户是回退回来的，它只是用户要什么，就给用户什么而已。在服务器不止一台，或者存在不止一个服务进程的时候，任意一个服务器或者服务进程都可以来服务这个请求，而不需要一个特定的"记得"或者"认识"这个用户的服务器才能服务。这是最理想也是最可靠的方案，因为即使有一些服务器突然坏了，剩余的服务器仍然可以无差别地满足客户的访问请求。

很多读者会有服务器端状态的疑问，因为许多 Web 应用在服务器端记录了用户的访问历史。但这些历史数据是被当作可以增删改查的资源来处理的，任何客户端只要带有该用户的身份标识，或者说任何服务器端只要收到带有该用户身份标识的请求，就可以去数据库中查找该用户的历史数据。这种操作和博客或者论坛的资源访问没有区别，本质上都还是 RESTful API 的资源访问。

1.4.4　RESTful API 是否是数据传输协议

现在的 RESTful API 并没有形成一种数据传输协议，而是诞生了一种系统设计的模式。尽管 RESTful API 对 URL 的形式提出了一些规范，但实际运用中，还是很自由的，可以是/user/1，也可以是/user.php?id=1，这两种形式都是 RESTful 的。

除此之外，RESTful API 就不管了，可以使用各种协议传输数据，当然最主要的还是用 HTTP。可以装载任何数据，如果是 API，当前装载 JSON 的比较多，几年前装载 XML 的也不少。也可以直接返回一个 HTML 页面或一张图片，这些都不破坏 RESTful API 的规范。

1.4.5　RESTful API 的好处是什么

首先是简单直接。客户端要什么资源，直接能够体现在 URL 上，一目了然，也方便服务器端进行监控和缓存。

其次是扩展性强。用 REST 架构管理一系列资源，比如用户、帖子、回复、图片等，那 RESTful API 就是对这些资源进行增删改查（CRUD）。为每种顶层资源，比如用户、文章、商品等，分别提供一组 Endpoint（是以 URL 的形式，例如/user/123，/users?city=Shanghai 等）。如果新增资源种类，只要新增一组 Endpoint 就可以满足需求。有互联网应用研发或者产品经验的读者可能会有所体会，互联网应用中经常会为某种资源增添一些字段来满足新的功能需求，比如，为用户添加一个联系方式等。在 RESTful API 设计中，会结合使用一些扩展性非常强的数据格式，例如 JSON，可以应付现在和将来的各种增减字段的需求变化。所以说，一般认为 RESTful 是一种异常强壮的设计，如果开发一套 RESTful API，可能十年八年都不用推倒重来，例如 Twitter 的 Web API。

还有一个很重要的优点，就是兼容性强。因为极少会修改 RESTful API 的 URL，如果有新的资源种类，只会添加，而不会修改已存在的 URL，从而做到服务器端系统升级对老客户端透明○。对于同一种资源，也可以提供不同的数据表达，可以是 JSON，也可以是 XML，这样能为不同的客户端提供更好的兼容性（比如有些老语言或者平台不能很好地解析 JSON）。如果在设计和修改资源字段的过程中，能做到比较好的向前和向后兼容性，很多年前发布的客户端，也就还能继续访问服务器端（这在某些场景下非常重要，因为很多用户会由于各种原因，一直不升级客户端）。

1.5 RESTful API 的主要问题

既然 RESTful API 这么好，为什么后来又会有 GraphQL API 的诞生呢？因为 RESTful API 这种资源的表达，带来了以下几个问题。

1.5.1 数据定制的问题

应用数据现在越来越丰富，已经不是十几年前 REST 刚诞生时可以相比的了。在当前移动互联网应用的场景下，一个资源所对应的数据非常丰富，拥有非常复杂的结构，而一次请求可能只要其中一小部分数据。比如，请求一个用户的数据 "/user/1"，只要用户的名字和头像，而并不需要该用户的住址、电话和成百上千个好友。传统的 RESTful API 不是不能实现数据定制，其实可以加个 Mask 参数，例如/user/1?friends=false 就可以告知服务器端此次请求不需要好友数据。但这种方式增大了前后端的代码复杂度，增加了开发的强度，而且也不够灵活，难道要给每个字段都加一个 Mask？如果每个字段都加一个 Mask，那后端要根据各种可能的 Mask 组合来生成查询也是非常麻烦的，这种代码即使写出来也会非常难以维护。

1.5.2 多次请求的问题

上面提到的灵活性问题是假设要少拿点数据，如果在请求中想多要些数据呢？比如想要一个用户的所有好友，再加上每一个好友的所有好友。这在传统 RESTful API 设计里面，就需要发送多次的请求，可以先拿到 1 度也就是直接好友的列表，然后写个循环，依次拿到所有 2 度也就是间接好友。这当然不够优化，于是可能会再设计一个专门的 API 去一次性拿到所有 2 度好友。这同样增大了前后端的代码复杂度，而且不够灵活，万一下次要 3 度好友呢？

1.5.3 异常处理的问题

如果后端在处理一个请求的过程中出了错，可能是传入的数据出了错，也可能是访问数据库超时了。应对这些情况，很多读者都会有自己的办法，有些读者会返回特定的

○ 透明（transparent）在计算机系统设计中可以理解为感知不到对方的存在和变化，即服务器端发生变化时，客户端不会受到影响。

HTTP 返回码（Response Code），有些读者可能会返回特定的 JSON 消息。

比如/get/user/8527，如果这个用户不存在，可以使用 HTTP 返回码 404，也可以返回自定义消息 "user not found"。这在服务器端并不是问题，但在客户端，尤其是在文档不齐备的情况下，前端的调用者就要猜测后端的返回值了。所以如果使用更结构化的异常处理方式，是可以提高前端的开发效率的。

1.5.4　返回数据格式未知的问题

在使用 RESTful API 的时候，客户端发出一个请求，但不知道会得到什么样的结果。例如请求一个用户资源/user/1，客户端并不知道结果具体会有什么，以及会以怎样的结构呈现。于是需要查阅文档，但对于大多数 IT 项目，文档并不可靠，可能已经过期，可能有所缺失。也可以自己实验，但不知道是否覆盖了全部可能的情况。这对于前端来说，必然是一个很痛苦的过程。

1.5.5　请求 Endpoint 和方式过多的问题

RESTful API 其实是以 URL 来访问资源的，每个资源都会有自己的一组 Endpoint 或者说 URL，这会带来管理和维护的麻烦。而且由于在 URL 上不容易做类型检查，一个很小的拼写错误都可能花去程序员几个小时的时间去调试。

而且 RESTful API 依赖 URL 访问资源，而 URL 容易被第三方恶意监听，这无疑会增加安全的隐患。例如很多 RESTful API 上的开发者习惯使用 Get 方式从 URL 上接受各种参数，而这些参数有可能带有敏感的信息，这就造成了用户信息的泄露。

在 RESTful API 的设计中，需要 Web 框架能够支持 Put 和 Delete 两种 HTTP 请求方式。新的前后端框架都是支持 Put 和 Delete 的，不过在一些陈旧的项目中，可能还在使用不支持这两种 HTTP 请求方式的前后端框架。如果不支持怎么办？目前没有特别好的办法，其实作者这么多年来一直尽量避免使用 Put 和 Delete 来设计 API，但这无疑让 RESTful API 的 URL 变得没有那么 "美丽" 了。

1.6　GraphQL 如何解决 RESTful API 的问题

这一节主要讲解对 GraphQL 的直观感受，具体语法会在后面的章节中详细介绍。

1.6.1　GraphQL 可以自由定制数据

可以在 GraphQL 查询中指定所需字段。例如下面这个 GraphQL 查询，查询 id 为 9527 的用户，但与/user/:id 这种 RESTful API 查询的区别是：限定了返回结果的字段，只要查询 name 和 age 两个字段。具体代码如下：

```
{
    user(id: "9527") {    查询可以指定参数 9527
```

由这个简单的例子可以看出 GraphQL 查询可以方便地支持参数。同时可以看到，GraphQL API 和 RESTful API 一样，都需要在请求中提供足够定位所需资源的数据（例如 user 的 id），而不是依赖于以往的状态。一般会把 GraphQL API 和 RESTful API 一样设计成服务器端无状态。

1.6.2 GraphQL 可以把多次请求合并为一个

如果客户端需要更多的数据怎么办？其实可以方便地扩展。代码如下：

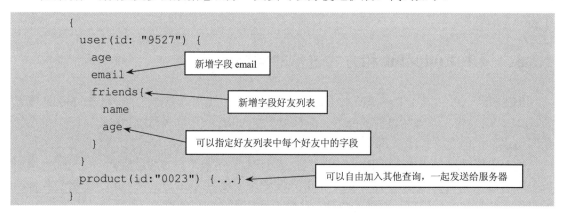

这个查询就体现出 GraphQL 的威力了，请求用户 9527 的同时，还请求了产品 0023。可以简单地把多种数据拼装在一起，这对前端页面是很有利的，因为经常需要在一个页面里展现不同的数据。还为用户 9527 多请求了两个字段 email 和 friends。email 较为简单，就是一个单一的值，但 friends 是个对象集合。对于这种对象，或者说复杂类型，以及它们的集合，可以继续为其指定需要的字段，这里指定了 name 和 age。

如果需要，还可以在 friends 里再指定 friends 来查询朋友的朋友。也就是说，可以使用 n 层嵌套来达成查询目的，数据也不再是单一的资源，而形成了一个图。很多大公司就是看中这个特性才选择 GraphQL 的，这种图形化的查询对移动互联网开发的方方面面都非常有用，GraphQL 不止可以给前端调用，也能给后端调用。

1.6.3 GraphQL 错误以及异常信息明确

当把多个查询拼装在一起的时候，可能有的查询成功，有的查询失败，那么出错信息就需要更为清晰明确。对于前面那个同时查询用户 9527 和产品 0023 的例子中，如果用户查询成功，但是产品却不存在，需要向客户端明确指出哪条查询出错了，而不能笼统地返回 400 或 500 等错误码。下面看看 GraphQL 的返回是什么样。代码如下：

```
{
    "data": {
        "user": {
            "id": "9527",
            … (这里省略 user 的具体数据)
        },
        "product": null
    },
    "errors": [
        {
            "message": "Not found",
            "path": [
                "product"
            ]
        }
    ]
}
```

如果是查询成功的数据，就把查询到的数据结果以 JSON 对象的形式呈现在这里

对于查询出错的数据，结果往往会返回 null，代表不存在

message 承载了出错信息，本例中为数据资源不存在——"Not found"

path 用于指示是哪个查询出错，本例中 Path 指向了 product 查询

GraphQL 会返回一个大的数据对象，其包含 data 和 errors 两大块。data 就是承载查询的返回值，而 errors 则承载出错信息。如果所有查询都成功了，那么 errors 就不会出现在返回的数据对象中。

1.6.4 GraphQL 返回数据的形式和查询请求同构

查询到的数据是什么样的呢？GraphQL 最让人喜欢的地方之一就是调用方可以明确返回数据的结构，这是 RESTful API 做不到的。现在来看上面那段 GraphQL 代码中用户 user 数据的返回值。代码如下：

```
data:{
    user:{
        id:"9527"
        name:"beinan",
        age:18,
        email:"aaa@a.com",
        friends:[
            {
                name:"friend1",
                age:17
            },
            …..
        ]
    }
}
```

一般使用查询的名字作为 key，这里是 user

对于复杂的嵌套结构，[]代表数组，{}代表对象

这个返回结果完全是和请求同构的。在前端，有什么样的视图（View），需要什么样的数据，就构建什么样的请求，得到的结果就可以直接用来生成和填充前端的视图。复杂的视

图也可以一次查询请求完成,这对前端的反应速度和开发效率是个巨大的提升。后面章节会有基于 React 的前端例子,到时看看它们如何配合。

1.6.5　GraphQL 使用单一的 Endpoint

从前面的例子中可以看出,GraphQL 是在查询中定义要什么数据的,而不像 REST 那样需要使用不同的 Endpoint 来调取不同的数据。可以说,GraphQL 是通过把各种查询拼装到一起,发送到一个且是唯一的一个 Endpoint 把所有资源都呈现在使用者面前。这样做有两个好处:

(1)服务器端和客户端都不必再维护 URL 和资源互相映射的 Routing 表。

(2)可以只使用一种 Http 方式,比如说 POST 方式就能够完成所有查询任务。

当然使用单一 Endpoint 也不是尽善尽美。比如,单一 Endpoint 可能会增加开发者纵向扩展的难度,所以开发者在设计和实现 GraphQL 后端服务的时候,要更注意可扩展性的问题。类似地,也要避免 GraphQL 的单一 Endpoint 的单点故障问题,来确保系统的可用性。

1.6.6　GraphQL 替代了什么

GraphQL 的诞生,主要是有针对性地解决 RESTful API 的问题。而 RESTful API 好的方面,比如每个资源都有 ID、资源的多种表达、标准化的请求、无状态通信、非常好的兼容性等,在 GraphQL 中都有很好的继承和发展。一般把 GraphQL 作为 RESTful API 的替代技术。

正是借助上面提到的 GraphQL 的种种优点,让开发者可以尽情地设计所需的数据结构,更多地关注数据实体之间的关系,同时可以在各种数据上自由地查询和组合。而 API 设计也可以真正摆脱视图(View)的束缚。

从 MVC 大行其道开始,很多开发者非常习惯从视图的角度来设计 API 和数据模型(Model),开发者往往会先想好,这个网页或者某个手机移动应用的窗体需要什么数据,然后设计一个或多个 API 来准备这些数据。比如做一个用户的页面,就设计一个 RESTful API,用/user/:id 返回需要的数据。但是视图是最善变的,产品经理未必总有心修改系统的数据模型,但对视图的想法肯定会是层出不穷的。比如可能会提出给用户页面添加最近发帖的列表、好友列表等,可能有一天还会提出把发帖列表删去,然后换成显示最近访问过的帖子。如果 API 和数据模型总是跟着视图改来改去,这对前后端系统都是一种伤害。

GraphQL 可以让视图的构建者或者说是 API 的调用者不需要关心 API 背后的实现细节,同时 API 的提供者也不需要关心调用者那边视图的组合方式。比如,现在如果大家开发 GitHub 的应用,就会发现 GitHub 最新版 API 已经使用 GraphQL 来代替 RESTful API 了 (https://developer.github.com/v4/)。

这套新的 GitHub API 不单单给 GitHub 官方客户端使用,也同时开放给第三方公司或者个人开发的客户端使用,绝大多数客户端并不知晓 GitHub 的内部如何存储数据,它们只关心自己独到的用户界面设计,每一个视图都会有自己特殊的数据需求。也正是因为使用这套 API,我们开发应用的时候可以不关心 GitHub 的实现细节,只需要考虑资源之间的关系。而

GitHub 方面也无须关心各种应用客户端具体如何构建视图，它只要保证能按客户端所定制的字段提供数据就可以了。这里不是给 GitHub 网站打广告，把它列在这里，主要是因为这套 API 也是学习 GraphQL 的好资料。

1.7　GraphQL 引发的疑虑

1.7.1　GraphQL 是否还是 RESTful

任何技术都不该只看它的优点，要同时去看它的缺点，一项技术的缺点比它的优点更值得关注。这一节主要来讨论 GraphQL 开发中的常见问题。

1.7.2　GraphQL 增大了后端系统设计的难度

GraphQL 可以更好地获取和表达数据，顾名思义，GraphQL 把数据表现成 Graph（图），因为现实中的数据往往是葡萄串的形式，一读取就是各种各样的相关数据一大堆一起读取。而传统的 RESTful API 是把数据定义成若干种单一形式资源，每一种资源配合一个或一组 Endpoint。可以看出，RESTful API 倾向于开发者对某种资源以单个或者列表的形式来获取。虽然明显还是 GraphQL 更符合多数网站和移动应用的实际读取数据需求，但在系统设计上 RESTful 显得更加简洁清晰，尤其是在后端。RESTful API 各个 Endpoint 的职责都十分明确，读取用户的就是读取用户，读取商品的就是读取商品，可做到更好的正交性，即较少互相依赖和干扰，这对日常的开发和维护都是很有利的。

所以，在 GraphQL 的系统设计中，要特别注意模块之间的耦合问题，切忌把所有模块都搅和在一起，变成一个巨大的"泥巴团"。

1.7.3　GraphQL 是否会带来后端性能问题

GraphQL 如此强大的查询让很多后端程序员为 GraphQL 的性能担心，可真的有问题吗？其实无论是不是使用 GraphQL，任何不当的系统设计，尤其是在高并发的情况下，都有可能暴露出性能的问题。下面结合 GraphQL 的后端实现的具体问题来和各位读者分别讨论。

首先，也是绝大多数后端程序员担心的，GraphQL 会不会额外产生过多数据库的查询？这个担心是有道理的，如果给查询里的每一个字段都独立地去数据库查询，那当然会产生非常多的查询，而且很多查询是重复的。

不过，目前已有的 GraphQL 后端实现（包括 JavaScript、Go、Java 和 Scala）提供了非常灵活的自定义优化方式。比如可以结合使用 Cache 和 Context 对象来减少数据库查询次数，还可以使用 DataLoader 来合并查询，具体如何做在接下来的章节中结合具体的框架再进行阐述。而且大家可以想象一下，Facebook 这样的访问量和用户界面复杂程度都可以，为什么我们不行？问题都是可以优化和解决的。

其次，GraphQL 是很轻、很薄的一层，其后端的实现逻辑并不比 REST 架构复杂多少，也就是说它自己额外产生的延迟（Overhead）是很低的。

1.7.4 迁移到 GraphQL 的代价

对于已存在的大型系统从 REST 等架构迁移到 GraphQL，需要慎重考虑，这不会是一个小改动就能完成的。至于会具体带来多少后端开发工作量的问题，分以下几点来讨论。

（1）一般不需要为 GraphQL 换语言。GraphQL 各语言实现的进展非常快，现在至少有十几种主流语言支持 GraphQL，也就是说常用的语言基本都支持，这个速度是非常惊人的，一般的技术需要好多年才能覆盖这么多语言。

（2）不需要为 GraphQL 换框架。GraphQL 和框架无关，各种主流 Web 框架，无论是 Django，Rails 还是 Express，哪怕是 Spring MVC，Play Framework，Finatra 都不会和 GraphQL 冲突。

（3）可以让 GraphQL 和 RESTful 服务共存。如果服务是一个单一的大型 RESTful 服务，可以把 GraphQL 直接连接到已有的 RESTful 项目上。这样做的好处是可以重用已经实现的业务逻辑代码、数据库和 Cache 访问代码。只需为 GraphQL 加一两个 Endpoint 就行了。这样还有一个好处，就是可以让 GraphQL 和已存在的 RESTful API 并行一段时间，让升级更加平滑。

（4）可以让 GraphQL 和微服务集群共存。如果服务已经很好地使用了微服务的构架，也不需要重写已存在的微服务，可以用 GraphQL 挡在所有后端服务前面来自由拼装已存在的微服务。这样做既可以为后端微服务提供保护，让前端和后端微服务一定程度上解耦，还不损失灵活性。

（5）可能还需要额外考虑 GraphQL 的后端优化问题，尤其是优化 GraphQL 对数据库以及缓存的访问。不过 GraphQL 的优化办法更多，毕竟是一个单一的访问请求，都共享一个单一的 Context 对象，可以从全局出发进行优化，优化的效果会更好。而 RESTful API 会产生多次请求（多次请求本身就是一个不小的问题），这些请求很可能分发到不同的服务器，即便在同一个服务器也很难控制它们到达的先后顺序。这些不确定性，都会造成 RESTful API 优化的困难。

1.7.5 GraphQL 是该前端驱动还是后端驱动

GraphQL 是由前端工程师驱动还是后端工程师驱动，一直都是一个问题。对于绝大多数的系统，都是前端与后端的结合，只懂前端或只懂后端都是不行的。所以 GraphQL 最好的驱动者，就是全栈工程师。

1.8 GraphQL 全栈框架的选用

本书的很多设计理念结合了当今两大使用最广泛的全栈框架——Relay 和 Apollo 的设计思想和实现方式，但不拘泥于任何框架技术和编程语言，因为 GraphQL 本身是一个与框架与编程语言均无关的技术。所以本书的后端部分会有很多内容脱离使用 JavaScript，而重点使用 Go 语言，让读者能够体验从头到尾构建 GraphQL 的乐趣，并能跳出编程语言的局限，体验不同的编程思想。

1.8.1　Relay

Relay 是 Facebook 公司的全栈框架，和 GraphQL、React 可以说是亲兄弟的关系。Facebook 公司设计和开发 Relay 的目的之一就是想把 React 和 GraphQL 联系到一起。

Relay 和 React 一样，都是基于组件化的开发思想。每一个组件预先声明自己所需要的数据，而 Relay 就可以自动帮助各个组件获得数据。这个功能和 React 框架结合得非常好，不过也带来了 Relay 和其他框架结合的困难性。另外，Relay 很多强大的功能需要特殊 Schema 的支持，这在一定程度上影响了 Relay 的兼容性。

Relay 更加关注提供一套高性能的综合数据管理，功能强大的同时，也让学习曲线比较陡峭。

1.8.2　Apollo

Apollo 开源社区驱动的 GraphQL 的全栈解决方案，也可以提供不俗的性能和稳定性，已被应用于很多访问量较大的 Web 在线产品中。与 Relay 不同，Apollo 的开发团队更关注该技术的易用性，Apollo 的学习曲线非常平滑，更适合初学者。

同时 Apollo 还具有更大的灵活性，其对前端框架的选用没有要求，对 Schema 也没有额外要求，可以和任何 Schema 结合使用。可以说，Apollo 是个更开放的平台，可以自由地引入很多优秀的开源的前端项目。

本书的侧重点是基于 GraphQL 的设计思想，而不是任何具体的编程语言或者框架。所以本书将会从相对简单易学的 Apollo 框架入手，但不局限于对框架的使用，也会兼顾 Relay 的优秀设计理念，结合使用现在开源社区最活跃的项目，用 JavaScript 和 Go，和读者一起开发一套 GraphQL 的全栈解决方案，让读者可以对 GraphQL 技术有完整的认识。

第 2 章

GraphQL 初体验——电商 API 设计

导读：本章主要解决的问题

- 如何用 GraphQL 设计 API？
- 如何使用 GraphQL 来和服务器端互动（查询语法）？
- GraphQL 好用的语法以及这些好用的语法能给我们带来什么好处？

作为一项新技术，GraphQL 为什么能很快在 Facebook 内部得到广泛认可，并且获得 Twitter 和 GitHub 等重量级外部使用者呢？这还是要从这项技术本身找原因。与其罗列 GraphQL 的技术细节，不如亲自动手做几个实际的项目。接下来从一个简单的迷你电商应用原型谈起。

 提供一个电商服务 API，核心功能是可以查询多种商品信息。

电商服务 API 需要解决以下问题：
- 定义和描述有什么样的数据
  - ◎ 数据的类型
  - ◎ 数据的结构
- 定义和描述如何操作这些数据
  - ◎ 如何查询电商服务器端的数据（读）
  - ◎ 如何修改电商服务器端的数据（写）

电商网站（或者叫在线商店——Online Store）是最具代表性的互联网应用之一，很多技术诞生伊始，都喜欢做一个电商应用来演示自己的强大之处，比如说当年的 J2EE，.NET，Ruby on Rails，以及最近的 Vert.x 和 Go 等，都做了属于自己的类似应用。

这一章主要关注 GraphQL API 的设计，关于后端数据如何存储以及前端表现层如何整合，将会在后面的章节中不断展开。为什么先来说 API 设计？因为 GraphQL 的前后端开发都是基于 API 的设计。具体来说，就是要先有定义 API 的 Schema，才能开始前后端的开发。而且一旦有了定义 API 的 Schema，前后端的开发就可以分别进行，而无须互相依赖等待。

2.1 基本开发环境的搭建

作为一名全栈工程师，使用什么编程语言并不重要，而且由于 GraphQL 已经被绝大多数主流语言实现，读者可以自由使用自己熟悉的编程语言来实现本书中的实例。用已经做好的一个 GraphQL 服务来先体验一下。本实例使用 Node.js 和 Express-GraphQL⊖对开发环境进行快速搭建。GraphQL 服务器端的官方参考实现就是采用 JavaScript 来实现的，如果不过分追求服务器端的并发能力和低延时的话，JavaScript 是玩转 GraphQL 的最佳选择。

首先要确保开发环境中已经安装了 Git⊜和 Node.js：⊜

```
git clone https://github.com/beinan/graphql_server_starter.git
```

这个项目引用了 Apollo GraphQL 服务器端实现，Apollo 是现在 GraphQL 开源社区最活

⊖ https://github.com/graphql/express-graphql。
⊜ 本书主要利用 Git 来管理和获取学习所需要的源代码。Git 是目前最流行的版本控制工具，详细资料请参阅 https://git-scm.com/doc。
⊜ Node.js 提供了 JavaScript 在服务器端的运行环境，相当于 JavaScript 代码的编译器和解释器，更多资料请参考 https://nodejs.org。

跃的服务器端实现。可以使用下面的命令获得该项目的所有分支：

```
git fetch
```

使用下面的命令检出名为"i_am_a_beginner"的分支，它会提供一个几乎是空白的项目，方便读者从头动手一步步来实践 GraphQL 的各种特性。

```
git checkout i_am_a_beginner
```

也可以检出名为"mini_store"的分支，直接得到一个已经成型的迷你电商 GraphQL 后端项目，然后在上面直接体验或者动手修改。

```
git checkout mini_store
```

有了项目之后，使用命令行进入项目目录。输入下面命令来安装所有项目依赖的 JavaScript 库：

```
npm install
```

对于已经安装和习惯使用 yarn 的读者，也可以使用 yarn 来安装依赖的 JavaScript 库：

```
yarn 或者 yarn install
```

如果在安装依赖的时候出错，不要惊慌，一般是开发环境问题所致，读者可以自行在互联网上搜索解决问题的办法，也可以在当前项目的 GitHub 页面提交一个疑问，来等待作者或者其他热心开发者的解答。

如果安装一切正常，输入下面的命令来启动 GraphQL 服务器端：

```
npm run 或者 yarn run
```

随即命令行会提示 GraphQL 已经在端口 8888 上开始服务了。如果 8888 端口已经被占用，可以修改 server.js 文件里的端口号，使用未被占用服务端口即可。

2.2 和 GraphQL 互动

这一节就来"玩"一下 GraphQL。

2.2.1 实时交互界面 GraphiQL 的使用

启动 GraphQL 服务器端后，在没有任何前端代码，也就是客户端代码之前，可以使用 GraphiQL[⊖]（注意：Graph 和 QL 中间有个小写字母 i）来测试访问 API。

GraphiQL 是一个基于浏览器的 GraphQL 集成开发测试环境，它的图形化用户界面提供了 GraphQL 语法高亮、查询自动完成、获取文档以及错误检测报告等功能，是体验和测试 GraphQL 的理想工具。

前面用 git 得到的项目中就包含了一个 GraphiQL 的 endpoint。可以在浏览器中输入：

⊖ https://github.com/graphql/graphiql。

```
http://localhost:8888/graphiql
```

回车后，就可以看到 GraphiQL 的界面了。GraphiQL 的用户界面十分简洁易用，其实这个用户界面设计也是现在各种 GraphQL 客户端的通用模式，如图 2-1 所示。

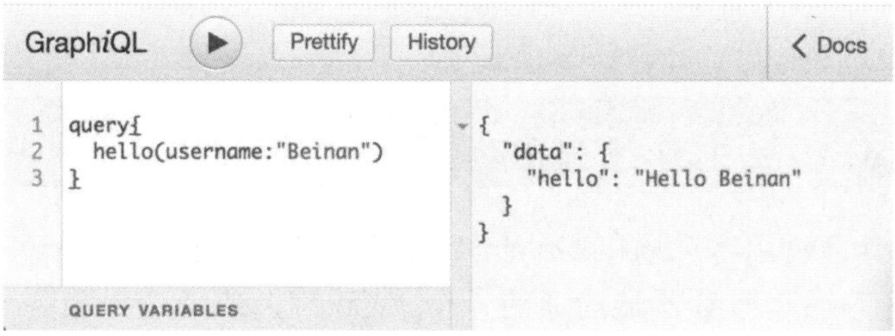

图 2-1　GraphiQL 用户界面

在图 2-1 的界面中，可以在左侧输入查询，然后点击上面的播放按钮，就可以看到右侧的结果了。左下角的"QUERY VARIABLES"可以展开，可输入查询变量（可以理解为查询的可变参数），后面的章节会讲解如何使用查询变量。读者也可以单击右上角的"Docs"按钮查看 GraphQL 为 API 自动生成的文档。

2.2.2　通过 curl 发送请求

对于不支持 GraphiQL（中间有个 i）的后端实现，或者在纯文字命令行等不方便使用浏览器的开发环境下，还可以使用 curl 来发送请求。代码如下：

> 在这里填入 GraphQL 查询，注意 Query 内容中的引号需要转义

```
curl -X POST -H "Content-Type: application/json" \        --data '{
"query": "{ getUser(id: \"beinan
\") { id name } }" }' \
          http://localhost:8888/query
```

> 这里是 GraphQL 服务的地址

也可以使用 GraphiQL 的网页界面发送查询后，通过浏览器的开发者工具，比如 Chrome 的 Developer Tools 来提取发送给 GraphQL 服务器端 Ajax 请求的信息，然后复制成 curl 命令保存到文件中或者复制到命令行下执行。查询中的双引号等特殊字符需要使用反斜杠来转义，具体过程就是把双引号变成反斜杠紧跟双引号——" -> \"。

注意：GraphQL 查询服务的地址和 GraphiQL 交互界面的地址并不相同，代表的意义也不同，希望读者不要混淆。

2.2.3　使用第三方客户端

尽管 GraphiQL 和 curl 的组合可以满足绝大部分的浏览和测试 GraphQL API 的需求，但还有更方便、更强大的访问方式。很多开发者为 GraphQL 提供了更加方便实用的第三方图

形客户端，比如 Altair⊖。

Altair 提供了 Chrome 和 Firefox 浏览器的插件，同时还开发了 Windows，Linux 和 Mac 操作系统的独立应用。Altair 除了具备 GraphiQL 界面的所有功能之外，还可以方便地设置 Http 头（Http Header）的信息，这对于测试带有用户认证 Token 的 GraphQL 请求是非常有用的。

2.3 Schema 与定义数据类型

上一节看到了如何使用客户端和 GraphQL 服务器端互动，其实 GraphQL 与其说是一套技术，不如说是客户端和服务器端沟通的一个"合同"，或者说是服务器端服务客户端的"服务条款"。那么这个"合同"或者说"服务条款"是写在哪里，又是什么样子的呢？先从 GraphQL 这个查询语言本身说起。

2.3.1 强类型的查询语言

很多人都说 GraphQL 是个强类型的查询语言，其传入传出的数据都需要有与之对应的类型。例如，如果客户端查询的是用户 user 的数据，那么这个查询返回的数据就要遵照用户 user 的类型所定义的结构，如果数据中有不符合预先定义的数据，比如必要字段缺失，或者数据的格式不符合要求，这样的数据都会被判定为非法，而不会返回给客户端。

GraphQL 的类型系统是在运行时，也就是数据传入传出的过程中动态来帮助检查数据的合法性的。所以并不一定需要使用 Java，Scala、Go 或者 TypeScript 这些静态类型的编程语言，PHP、Python 和 JavaScript 同样可以胜任 GraphQL 的开发。当然有些静态类型的编程语言为 GraphQL 的后端实现提供了编译期的检查，让一些错误可以及早被发现，对于很多大型项目来说，这是一个值得开发者注意的特性。

> **Q&A**　编程语言中，强类型、弱类型、静态类型以及动态类型之间的区别是什么？

强类型和弱类型其实并不是一个学术上的定义，强与弱只是相对的概念，它们体现在一个语言有多大的纪律性来保证每一个值都能遵从这个值的类型。比如 C 语言一般被认为是一个强类型的语言，但是仍然可以使用 void*这样的指针来绕过类型系统，做一些弱类型语言才能干的事，而且这样的代码是普遍存在于现存 C 语言的代码库之中的。

静态类型和动态类型的定义相对来说就比较明确了。静态类型是指类型检查在程序被编译的时候由编译器检查；而动态类型是指类型检查在程序运行的时候进行。

因此，GraphQL 可以说是一个强类型的动态类型查询语言。前面所说的"合同"其实也就是 GraphQL 的强类型，那么 GraphQL 的强类型是如何定义以及保障的呢？

⊖ 访问 Altair 的 GitHub 站点获取更多信息 https://github.com/imolorhe/altair。

2.3.2 服务器端的 Schema

在服务器端，GraphQL 与 RESTful 服务有一个显著的不同。就是 GraphQL 服务的开发者需要给 GraphQL 应用服务器提供一套 Schema 来定义所有的数据类型和查询。换句话说，所有的数据类型和查询都要在这个事先定义的 Schema 中有据可查。

图 2-2 展现的是 GrpahQL 应用服务如何通过 Schema 来验证客户端发来的请求和返回给客户端的响应。从图中可以看出，验证是双向的，请求和响应都会依照 Schema 来验证。客户端发送过来的不符合要求的请求会被拒绝，同样地，从数据库或其他服务中获得的不符合要求的数据也不会被返回给客户端。

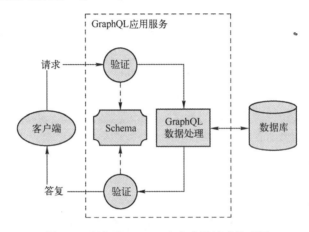

图 2-2 服务器 Schema 和客户端请求关系图

需要注意的是 GraphQL 并没有限定数据传输协议和返回数据的格式，当然在现有的几乎所有 GraphQL 前后端实现中，都是在 HTTP 协议上使用 JSON 格式来传输返回数据。但理论上，可以根据自己的需求定义数据传输协议和返回数据的格式，比如采用二进制通信协议的 Thrift 等技术。

Q&A   在数据查询中，使用一个预先定义的 Schema 有什么好处？

（1）可以更好地保证数据正确。错误的数据不会进一步传播，产生更严重的业务逻辑问题。

比如有一个提交给服务器的订单，缺失了一些必要数据，没有提供客户 ID，这样的数据提交进服务器，如果没有其他验证方式，写入了数据库，就会造成脏数据，往往会带来更大的麻烦。很多读者认为，可以在服务器端写代码验证啊。但客户端并不知道服务器端程序员写了怎么样的验证代码，而 Schema 是在服务器端和客户端共享的，客户端可以轻易知晓什么字段是必需的，什么字段需要复合什么类型。

（2）Schema 定义好后，前后端可以依据 Schema 分别开发，而无须等待另一边的完成。

在很多公司，前后端开发任务会分发给不同的团队，甚至某些应用的前后端开发会归属不同的公司，这时候跨团队跨公司的实时沟通会比较麻烦，往往需要事先定好一个规则，前端要什么，后端要什么，大家同时按照规则来开发，就不用互相等待对方完成。而这个规则，其实就是 Schema。

GraphQL 的类型系统也正是通过定义在服务器端的 Schema 来保证的。在实现中，开发者会在 Schema 定义所有的自定义类型，例如用户、商品和订单等，来满足应用的需要。在后面的章节中还会看到，其实客户端发送的查询也是一种特殊的自定义类型。

2.3.3　标量类型

在了解自定义类型之前，我们先来看一下 GraphQL 本身就提供的标量类型。GraphQL 使用标量类型来表达数字、布尔值和字符串等基本数据类型。

✓ Int 整型

用于表达 2，5，42，-1 等没有小数点的数字。一般 GraphQL 的前后端会使用 32 位二进制的整型来存储 GraphQL 的整型数字。对于用户输入和结果集中超过范围的过大整数，GraphQL 会报错。

✓ Float 浮点型

用于表达 3.12，4.5 等有小数点的数字。有开发经验的读者可能会问，浮点小数的精度是怎么样的呢？这是非常好的问题，但无法给出一个确定的答案，因为这取决于 GraphQL 的前后端实现语言。一般地，认为这是一个双精度浮点型⊖，也就是很多编程语言的 Double 类型。

✓ String 字符串型

用于表达 "hello world!"、"beinan" 这样的字符串。GraphQL 协议本身并没有对字符串长度的最大值有一个限定，但读者要注意 GraphQL 数据是通过 Http 协议传递的，很多语言和框架会对 Http 的请求和响应长度有所限制，太长的字符串容易造成错误。

根据 GraphQL 官方规范的说法，字符串类型用来表达人类可读的文字内容。在 GraphQL 中，一般使用 UTF-8 编码。所以对于使用其他编码的老旧后端系统，需要注意乱码的问题。

✓ Boolean 布尔型

用来表达真或者假也就是 true 或者 false 这两种布尔值。现在的编程语言和数据库一般都是内建布尔值的。为了让语义更明确，结果更具可读性，尽量不要使用 1 或者 0 来代替 true 或者 false。

✓ ID 标识符型

在语义上用来表达唯一标识符，但在实现和数据传输中，把 ID 序列化成 String 的形式。官方规范强调，ID 和 String 不同，因为 ID 不是人类可读的。

有的读者可能会问，如果数据库里的 ID 是数字，怎么办？其实不需要进行任何额外的处理，GraphQL 会自动把数字 ID 转换成 String 形式的 ID 返回给客户端。

以上的标量类型具有不可分割的特性，要请求某个标量数据，GraphQL 就会完全返回给客户端，客户端不能觉得某个字符串太长，就只要服务器返回一部分字符串（很容易通过其

⊖ 浮点数的具体规范，读者可以参考 IEEE Standard for Floating-Point Arithmetic (IEEE 754)。

他方式来实现这个需求，但 GraphQL 字符串标量本身并不支持）。

还有一点需要注意的是，GraphQL 支持标量的自动类型转换。

如果 GraphQL 自带的标量不够用怎么办？其实可以使用自定义的标量来扩展 GraphQL 的标量系统。

例如：

```
scalar Date              //可以用于表达日期
scalar Email             //可以用于表达电邮地址
scalar Url               //可以用来表达 Web 链接
```

系统自带的标量和用户自定义的标量都可以表示为字符串，这很好理解，也很容易支持，数字 1 可以表示为 "1"，布尔值 true 可以表示为 "true"。但反过来就不一定行，"2@5" 就不能表示成一个 Int 或者 Float。

所以自定义标量类型更多是从语义的层面来设计的。数据在实际传输过程中，往往就是个普通的字符串，但在服务器端和客户端，代码需要保证 Date 就是一个遵循日期格式的字符串，而 Email 一定是个合法的电子邮件地址。

开发者可以通过这些自定义标量更容易地和数据库存储类型结合，比如 Date 可以定义为 Sql 数据库的日期类型。

2.3.4　自定义复杂类型

和 C++、Java 等很多高级语言一样，GraphQL 也允许使用复杂类型。电商网站的核心数据是商品，本节将讨论如何在 GraphQL 中设计一个电商网站中会用到的商品和用户等自定义复杂数据类型。

需求　商品中包括 id、名字、价格、库存和是否包邮这五条信息。id 和名字为字符串型，价格为浮点型，库存为整型，是否包邮为布尔型。

对于商品中的每一条具体的信息，利用上一节中的知识，很容易使用基本标量类型来表达。那么如何才能把它们表达成一个整体呢？可以把它们都放在一个字符串里，用逗号分隔一下，但这不利于读取和修改的（每次查询和修改都要把字符串拆开，其中的数字可能还需要解析，这很麻烦，也很耗时）。于是就需要把这些简单字段聚合在一起，形成一个新类型，也就是复杂数据类型（Composite Data Type）的概念。熟悉 C 语言的读者可能已经联想到了 struct（很多语言的复杂类型都由这个 struct 衍生而来）。下面看看在 C 中如何定义一个复杂类型：

```
struct Product {
  char* id;            ← 类型名字
  char* name;
  float price;
  int inStock;
  bool isFreeShipping;
}
```

上面定义的这个 struct 里包含五个简短数据，id、name、price、inStock 和 isFreeShipping，把它们称作字段（Field）。它们中的每一个都可以独立读取和修改。这种复杂类型是 GraphQL 前后端实现的基础。把上面的 struct 翻译成 GraphQL，就是下面的样子：

```
type Product {
    id: ID,              类型名字
    name: String,
    price: Float,
    inStock: Int,
    isFreeShipping: Boolean
}
```

GraphQL 的复杂类型可以看作是基本标量类型的集合。这种复杂类型的定义，可以明确地表明，每次成功请求一个商品(Product)，都会在其中找到 id、name、price、inStock 和 isFreeShipping 这五个具体的数据。

2.3.5 枚举

在标量类型的基础之上，还可以定义枚举（Enum）类型。比如用户的性别和最高学历这样的字段，只有屈指可数的可选项，而且这些可选项中，只能选择一种，这时候使用枚举型是合适的。

 需求　设计一个用户类型，提供一个性别字段。性别字段可以接受的值只有男、女、其他和未知四种。代码如下：

```
enum Gender{          使用 enum 关键字定义枚举 http://markup.su/highlighter/
    Male
    Female
    Other
    Unknown           花括号中列出所有可选项
}

type User{
    id ID!
    name String
    gender Gender     枚举类型和标量类型使用方式一样
}
```

可以在一个复杂类型中把枚举类型当作一个基本标量类型来使用。但需要注意的是，如果输入的查询不符合枚举的要求，就会报错。同样地，如果服务器端的结果数据不符合要求，也会报错。

可以看出使用枚举型能够规范数据，相对于普通字符串型数据，枚举型可以帮我们及早发现拼写错误，避免错误的数据在客户端和服务器端之间扩散。但有不少程序员认为，在 API 中使用枚举型可能会破坏 API 升级的兼容性。有些公司会强制规定在 API 调用中，参数可以使用枚举型，但是返回值无论如何都不可以使用枚举型，即便是包含枚举型的复杂对象

也不可以。

2.3.6 列表以及对象的列表

 希望用户可以支持多个昵称。

当需要表达一组同类数据时，就需要用上列表了。比如一个人的姓名只有一个，但是却可以有很多个绰号或者昵称。可以使用方括号加类型名来表达这种一对多的数据关系：

```
type User{
 id ID！
 name String
 nickname [String]  ◄──────  这个字段可以存储 0 个或者多个昵称
 gender Gender
}
```

可以自由地在上面定义的 nickname [String]中存储多个、一个甚至是零个字符串作为该用户的昵称。

 每个用户可以有自己的商品收藏夹。

现在来设计一个用户收藏夹的功能，具体来说，就是一个用户可以收藏多个商品。代码如下：

```
type User{
 id ID
 name String
 nickname [String]  ◄──────  基本标量类型列表
 gender Gender
 favorites: [Product]  ◄──────  复杂类型列表
}
```

可能有的读者会提出使用 favorites: [ID]这样的设计，使用商品的 ID 列表来代替商品本身数据的列表。这样做的好处是可以减少后端存储和网络传输的数据量，坏处是客户端得到了 ID 列表，可能还需要再次请求服务器来获得所需的具体产品信息。哪种设计更好呢？选择之前先来学习以下两个知识点：

首先，GraphQL 中定义的数据模型并不等于数据存储模型，在实际向数据库中存储数据时，可以通过灵活的后端实现只保存商品的 ID。

其次，如果客户端的确是只需要商品 ID 而不是整个商品，则可以通过定制返回字段的方式来达到网络传输数据量最小化的目的。

所以选择 favorites: [Product]作为数据类型最为合适。

2.4 定义操作

在定义好了电商网站的数据 Schema 之后，有经验的读者可能会发现，其实定义的只是"零件"，这些"零件"并不是服务器端最终所能提供的功能操作。比如说我们有了用户 User 这个类型，但是最终暴露给客户端的可能是查找用户、新建用户以及删除用户这些具体的功能操作。一般把这些具体的功能都设计成 GraphQL 操作。这一节，就来讨论一下如何定义 GraphQL 的操作。

和数据类型一样，GraphQL 所有的操作也都必须事先定义在服务器端的 Schema 当中，而且定义操作的方式和定义数据类型的方式一样，甚至定义这些操作本身，也是一种数据类型。

在服务器端的数据类型中，为操作预设了三种特殊的数据类型——Query（只读查询）、Mutation（可写修改）和 Subscription（订阅）。这三种特殊类型定义了客户端发送的请求和返回结果的形式。所有请求和结果都必须符合 Query、Mutation 和 Subscription 中的定义，客户端才能最终拿到所需要的结果数据。和 RESTful API 不同，所有来自客户端的请求都会发送给一个 endpoint，为了区分不同具体功能的请求，例如查询用户、修改订单、订阅新消息等，需要在 Query、Mutation 和 Subscription 中定义对应的操作字段。可以把 Query、Mutation 以及 Subscription 想象成来自客户端所有操作的入口。

2.4.1 只读查询操作

需求 　为 API 提供两个查询操作，一个可以获得所有产品，另一个可以根据产品 ID 查询到某一个具体的产品。

GraphQL 服务一定会提供一个 query 入口，它表现为 schema 中的 query 字段，同时定义一个 Query 类型，来描述客户端的查询请求。服务器端定义如下：

```
type Query {
  allProducts: [Product]        在这里定义操作字段，每个字段都是一个操
  product(id: ID!): Product     作，字段类型就是操作结果的类型

                          操作参数，可以传入需要的参数，比如传入一个产品 ID 来得到一个
                          特定的产品

}

schema {
  query: Query
}                       查询操作入口，query 字段的类型是前面定义的 Query
```

有了查询操作 schema 之后，就可以在客户端发送对应的查询操作了，比如客户端想拿到所有商品的 id 和 name，可以发送的请求如下：

```
query{
  allProducts{
    id
    name
  }
}
```

查询名字 "allProduct"，要符合在 schema 中，type Query 类型中操作字段的名字

对于结果集中每一个 Product 对象，只需要 id 和 name 两个字段

GraphQL 可以很容易地只请求一个完整对象中的某些特定的字段（Field），比如上面示例中的 id 和 name。可以使用 GraphQL 自由定制返回数据。

GraphQL 查询请求中一定要指定每一个所需的具体字段，如果把数据的结构想象成一棵树的话，需要一路指定到每一片需要的叶子上。如果请求的"叶子"很多，查询就显得很臃肿。对这些臃肿的查询，读者也不要着急，本书后面会介绍一些办法来精炼查询。

开发者需要注意的是，在实际项目中很少会让客户端去服务器端读取所有商品的列表，因为这个列表可能包含过多的数据，一般会给查询所有商品这个操作加上分页的功能，这会在以后的章节里讨论。

上面查询会返回如下的结果：

```
{
  "data": {
    "allProducts": [
      {
        "id": "10001",
        "name": "iPhone X"
      },
      {
        "id": "10002",
        "name": "A"
      }
    ]
  }
}
```

返回的结果与查询结构相同，是一个商品的列表

在结果集中，对于每一个商品，只返回在查询操作请求中预先定义好的 id 和 name 两个字段，GraphQL 不会返回多余的字段

从上面的查询和结果中可以看出 GraphQL 的两个优点：

（1）高效：服务器端只会返回客户端实际需要的字段，网络传输负担小，在某些情况下，对数据库的负担也小。

（2）同构：客户端发出的查询和服务器返回的结果结构相同。这样客户端可以完全预知甚至控制所返回数据的结构，不会像 RESTful 服务那样，对服务器端可能返回的数据结构一无所知，只能参阅 API 文档。

还可以在查询操作的请求中直接指定参数的值。代码如下：

```
query{
  product(id: "10001"){
    id
    name
  }
}
```

参数 id 的值为 "10001"，用以查询 id 为 "10001" 的产品

后面还会介绍使用变量（Variable）来更优雅地传递参数。

动动手：看看上面这个 product 查询会返回什么样的数据？如果请求一个不存在的商品，又会发生什么？

2.4.2 可写修改操作

从 Web 2.0 时代开始，应用程序不仅要求客户端要从服务器端获取数据，同时也会要求客户端可以修改服务器端的数据。在 GraphQL 中，开发者把会修改数据的操作定义在 schema 的 Mutation 类型中。

 为迷你电商网站建立一个"下单"的功能，为了简单起见，不考虑用户登录以及权限控制，所有使用者都可以匿名下单。但为了让客户端可以在"下单"成功后方便地显示新订单的内容，"下单"操作需要返回新订单的数据。

和 Query 一样，在 schema 中也需要定义修改操作 Mutation 的入口。提供一个 makeOrder 的操作来完成"下单"的功能。代码如下：

```
type Mutation {
  makeOrder(productID: ID!, quantity: Int): Product
}                    ┌─────────────────┐           ┌──────────────────┐
schema {             │ Mutation 操作参数 │           │ Mutation 返回数据类型 │
  query: Query       └─────────────────┘           └──────────────────┘
  mutation: Mutation ←──┐
}                    ┌──┴──────────┐
                     │ Mutation 入口 │
                     └─────────────┘
```

Mutation 的定义方式和 Query 完全一样，它也可以返回数据。在上面的代码示例中，每次对一个产品下单后，返回该产品的最新数据。请看接下来对 "10001" 号产品下单，并且返回新订单三个指定字段的具体例子：

```
mutation{
  makeOrder(productID:"10001", quantity:2){
    id
    name ←──┐
    inStock │  和 Query 操作一样，客户端同样需要为 Mutation
  }         │  操作指定返回数据字段
}
```

下单后，得到返回如下：

```
{
  "data": {
    "makeOrder": {
      "id": "10001",
      "name": "iPhone X",
      "inStock": 58
    }
```

```
    }
  }
```

通过上面的修改操作可以在服务器端得到最新的库存（inStock）信息，依据这个信息，可以方便地更新客户端应用中库存的显示。

有些读者或许会想，为什么要定义 Mutation 呢？这和 Query 的定义看起来也没有什么不同嘛，在处理 Query 的后端实现代码里写入数据不也是一样的吗？这是一个非常好的问题，单纯从 GraphQL 的前后端实现来说，并没有强制限定在 Query 中不能更改数据，所以的确可以在 Query 操作的后端实现中进行数据的写入操作，但这会造成若干问题。而且为了更好地优化前端界面更新，我们也乐于把 Mutation 从 Query 中分离出来。具体是什么原因，作者这里先卖一个关子，后面会有章节再来讨论 Query 和 Mutation 的问题。

2.4.3 订阅操作

首先，订阅（Subscription）操作和查询操作一样，都是只读的，开发者不会通过订阅来修改服务端的数据。订阅和查询的区别在于，订阅是服务器端主动推送数据给客户端，而查询则是客户端主动从服务器端读取数据。

一个简单的订阅例子如下：

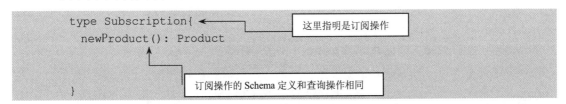

在上面的例子中，客户端可以订阅 newProduct 这个操作，当有新的商品数据在服务器创建出来的时候，GraphQL 服务器就会主动推送新创建的商品数据到所有订阅了 newProduct 的客户端。

订阅操作在实现上一般需要 Web-Socket 或者 HTTP2 这些支持持久连接的协议来实现服务器端的推送，当然也可以在客户端使用定期轮询的方式来模拟推送。但无论如何实现，GraphQL 客户端的调用方式都是和 Query 一样的——开发者可以根据实际情况自由指定所需要的字段。各位开发者在使用订阅操作前，请参阅框架文档。

2.4.4 传递输入类型

前面讨论了 Query 和 Mutation 操作的参数是一个或多个简单的数据类型，比如说商品的 ID 和购买数量等，这虽然已经可以满足很多查询操作的需要，但有时候查询操作需要传入的参数也属于复杂结构的数据，那么这时候就可定义一个输入类型（Input Type）：

扩展下单操作，使其可以支持一次购买多个商品，并且在订单中加入送货地址。

这个需求并不难做，开发者可以通过给前面定义的 makeOrder 操作增加参数的方法来实现。但是如果开发者想让"下单"操作有更好的扩展性和向前兼容性的话，可以在 GraphQL 中使用输入类型，也就是下面例子中的 input 关键字所定义的类型：

```
input OrderItemInput{
  productID: ID!,
  quantity: Int
}

input OrderInput{

  items: [OrderItemInput]
  address: String
}

type Mutation {
  makeOrder(productID: ID!, quantity: Int): Product
  makeOrderV2(order: OrderInput): [Product]
}
```

订单条目，每一个订单条目可以指定一种商品（这里用 productID）表示，和该商品所要订购的数量（quantity）

订单包含一个订单条目的列表（items）和送货地址。一个订单可以有多个订单条目，即可以订购多种商品。但只需要一个送货地址

根据上面所定义的两个 Input 类型 OrderInput 和 OrderItemInput，以及在 Mutation 中新定义的 makeOrderV2，可以看到 makeOrderV2 只接受一个参数 order: OrderInput，也就是前面定义的输入数据类型。把这两个操作放到一起，方便读者进行比较，实际项目中一般只需要 makeOrderV2 这种形式就够了。

动动手：给订单输入数据类型 OrderInput 增加一个字段：下单时间。

输入数据类型给 GraphQL 服务带来了更好的向前兼容性。读者可以发现，在给订单输入数据类型增加一个字段的过程中，无须修改 makeOrderV2 这个操作的 Schema 定义。如果新加入的数据类型不是必填项，这对客户端的实现是向前兼容的。也就是说，如果这个电商网站还有一些老的客户端没有及时更新，还不支持下单时间这个字段，尽管服务器已经开始支持这个新字段了，但老客户端还可以在不升级的情况下照常使用。当然用户使用老客户端创建的订单，就不包含下单时间这个数据了。

再来看看发送给服务器端的查询是什么样子的。在客户端发送下面的操作请求给 makeOrderV2：

```
mutation{
  makeOrderV2(order:{
    items: [
      {
        productID: "10001",
        quantity: 3
      },
      {
        productID: "10002",
        quantity: 4
      }
    ],
```

订单中包含两条订单条目，分别订购了商品"10001"和商品"10002"

```
        address: "123 Main St. LA, CA"
    }){
        id
        name
        inStock
    }
}
```

这里定义了下单操作的返回数据。注意这个操作会返回一个数据列表。这里其实是数据列表中每一个数据元素所包含的字段

客户端拿到下单操作的返回数据后，可以酌情更新本地的数据。比如说用户成功购买了某种商品，那么这种商品的库存就要发生变化，这时候可以利用服务器端返回的最新库存（inStock）来更新本地库存。具体的实现细节会在后面的章节讨论。

使用输入类型还有另外一个好处，就是可以提供更好的重用性。

动动手：设计一个更新订单的操作。

这其实也是 GraphQL 对新建和更新两个操作的固定模式，和新建操作相比，更新操作只需要多提供一个订单 ID，就可以解决问题。代码如下：

```
type Mutation {
    …
    makeOrderV2(order: OrderInput): [Product]
    updateOrderV2(orderID: ID!, order:OrderInput): [Product]
}
```

2.4.5　操作也是字段

如果抽象地观察 product，allProduct，makeOrder 这样的操作以及商品 Product 中 id 和 name 这样的字段，读者就会发现它们并没有本质的不同。如果把 GraphQL 的请求想象成一个数据类型的话，操作就是这个数据类型的字段。

有些读者可能会有疑问，说操作可以带参数啊。其实 GraphQL 的字段也可以带参数，后面会有具体的例子。

2.5　精炼数据模型与操作

尽管前面的知识储备已经足够设计出一套电商网站的 API，但是做得出不等于做得好。当数据类型和操作的数量增多以后，很多开发者发现 Schema 定义有很多重复的地方。

这一节就来讨论一下如何在出现冗余定义的时候来精炼 Schema 定义。

2.5.1　接口和继承

需求

"诗酒趁年华"——我们网站同时支持两种特定商品：红酒和图书。红酒一定要有一个年份的字段，而图书一定要有一个书号（ISBN）字段。

这是常见的需求，两种商品有自己的特殊性，但是大多数操作和数据属性又是相同的。

如果独立定义两种类型，很多 Schema 定义还有前后端实现都会有重复的地方，如何减少重复，增加代码的重用呢？熟悉面向对象设计的读者估计马上就会想到类似图 2-3 的结构。

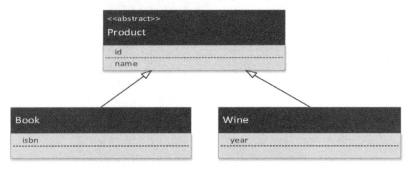

图 2-3　红酒和图书继承商品

在图 2-3 中，提供了两个具体的实现类 Wine 和 Book，它们有一个共同的父类 Product。父类 Product 可以定义为一个抽象类，承载 Wine 和 Book 都有的字段 id 和 name。

在 GraphQL 中，一般用接口 interface 来表达 Product 这种抽象类。先看接口 interface 如何定义：

```
interface Product {          ◀──────  使用 interface 关键字定义接口
  id: ID!,
  name: String!,
  price: Float,
  inStock: Int,
  isFreeShipping: Boolean,
  images: [String]
}
```

在 GraphQL 中接口是一个抽象数据类型，不可以直接为抽象数据类型创建一个实例。只能为两个具体类 Wine 和 Book 来创建实例。请注意下面 implements 关键字的使用：

```
type Wine implements Product {
  id: ID!,
  name: String!,
  price: Float,
  inStock: Int,
  isFreeShipping: Boolean,  ◀──────  重复接口中字段
  images: [String],
  year: Int!                ◀──────  字段 year 是红酒 Wine 类型的特有字段
}

type Book implements Product {
  id: ID!,
  name: String!,
  price: Float,
  inStock: Int,
  isFreeShipping: Boolean,
```

```
    images: [String],
    isbn: String! ◄─────────┐
                            │  字段 isbn 是图书 Book 类型的特有字段
}
```

　　和很多面向对象语言不同的是，GraphQL 的子类必须重载接口里所有的字段。也就是要把接口里的字段都在子类里抄写一遍，这个设计来自 GraphQL 的官方标准，看起来有些累赘，但是也带来了一些好处，或者说需要注意的地方。

　　子类中的字段的类型可以和接口中的同名字段的类型不同，但必须是接口中同名字段类型的子类或非空类型。

　　可以在 interface Product 中增加字段：

```
    relatedProduct: [Product]
```

　　在 Product 的子类 Wine 中，可以覆盖 relatedProduct 这个字段的类型：

```
    relatedProduct: [Wine]
```

　　有了多态和继承之后，现在就来享受它所带来的好处，只需要定义一套操作，就可以同时覆盖这两种商品了：

```
type Query {
    allProducts(pageNum:Int = 10, pageSize:Int = 20): [Product]
    product(id: ID!): Product
}
```

　　这两个查询操作一个返回商品列表，一个返回单一商品，结果中既可以有书，也可以有红酒。

　　这样的做法还有另外一个好处，就是如果以后要加入新的商品类型，比如电商网站突然开始卖茶叶了，那么这两个查询操作不用进行任何修改就可支持新加入的茶叶商品类型。

　　尽管多态和继承是面向对象程序设计最重要的特征，但是在项目中过度使用复杂的继承结构会给项目日后维护带来很多的困难。而且随着项目新功能的不断积累，原本非常简单的继承关系也会逐渐变得复杂。所以，要尽量少引入多态和继承，即便是下面所引入的"联合"例子——"书和新朋友"，虽然现在看起来人畜无害，但不能保证以后不会成长为一个大怪兽。

2.5.2　联合

 需求　　"书和新朋友"——**API 提供一个搜索功能，返回的结果里可以有书，也可以有新朋友。**

　　使用接口和继承，适合有公共字段的类型，比如红酒和图书。可如果想把完全没有公共字段的几种类型放在一起查询，接口和继承就不那么适用了。

　　这种情况下，可以定义一个联合（Union）类型：

```
union Resource = Book | User
```

当查询返回一个上面定义的 Resouce 联合类型时，这个结果可以是本图书（Book），也可能是个用户（User）。图书和用户被称作 Resouce 这个联合类型的成员。

注意：不能以接口或者联合为成员来创建一个联合，比如 union Resouce = Product | User，如果 Product 是个接口或者是个联合，那么这个定义就是非法的。

定义接口和联合可以让开发者在一个查询中返回更丰富的数据类型。但不同的数据类型会有不同的字段。

2.6　精炼查询

上一节讨论的是如何精炼 Schema，其实 GraphQL 的查询语法也有点啰唆，很多重复的东西会一遍遍地需要开发者来指定，本节就来讨论如何来合并查询中的重复部分。

2.6.1　使用变量

前面的例子中，把参数的值直接写在了查询中。在实际开发中，很多有经验的读者可能已经想到，可以通过字符串模板技术来替换查询中的参数值来达到给后端发送动态参数的目的。不过在 GraphQL 中，还有另外一种做法，就是使用变量。

在使用变量前，首先需要声明变量的名字和类型。变量的名字由 "$" 字符打头，变量的类型可以是基本标量、自定义标量、枚举和输入类型，同样可以对变量的类型使用非空 "!" 限定符。具体代码如下：

```
query ($productID: ID!){          声明变量，需要提供变量名和类型
  getProduct(id: $productID){
    id
    name                           在需要使用变量的地方提供变量名
  }
}
```

需要注意的是变量声明的类型务必与使用变量所需要的类型一致。

动动手：把上面查询中$productID 的类型改为 String!，看看还会不会出错。

在查询中设置好变量后，就可以在发送查询的时候，额外指定一套变量的值。例如：

```
{
  "productID": "10001"
}
```

如果是在 GraphiQL 中发送查询，可以在网页的左下角找到一个叫 "QUERY VARIABLES" 的文本输入区。把所有用到的变量都放在一个 JSON 对象中传入即可。

动动手：请读者尝试把 makeOrderV2 中的 order 参数声明成一个变量。

还可以为变量指定默认值。如果客户端在发送查询时没有提供该变量的值，那么查询就会使用默认值。否则，查询就会使用客户端提供的变量值，而忽略默认值。代码如下：

```
query ($productID: ID = "10001"){          "10001" 为默认值
  getProduct(id: $productID){
    id
    name
  }
}
```

需要注意的是非空类型变量不可以设置默认值。

2.6.2 使用别名

 需要做一个商品比较的查询，即根据客户端的需要，一次返回两个商品的信息。

提示：即调用两次 product 查询操作。

GraphQL 可以自由组合查询，可否在一次查询请求中用不同的参数对同一个查询发送两次呢？比如把 getProduct(id: "10001") 和 getProduct(id: "10002")同时发送给服务器端。有经验的读者或许已经发现，这两个查询返回的数据都是 {"getProduct": {...}}，它们的 key 是相同的，所以不能同时出现在同一个 JSON 对象中。也就是说服务器端不能同时返回这两个查询的结果。那么该如何是好呢？这时就需要使用别名来解决这个问题。具体代码如下：

```
query {
  prod1: product(id: "10001"){
    id
    name                    prod1 和 prod2 就是两个别名
  }
  prod2: product(id: "10002"){
    id
    name
  }
}
```

如上面的例子所示，可以在每个查询前面指定一个别名。使用了别名后，就解决了结果集中 key 冲突的问题。可以得到数据结果如下所示：

```
{
  "data": {
    "prod1": {
      "id": "10001",            在返回结果中使用别名 prod1 和 prod2 作为 key
      "name": "iPhone X"
    },
    "prod2": {
      "id": "10002",
      "name": "A Brief History of Time"
    }
```

```
    }
  }
```

在客户端开发的时候，开发者需要注意服务器端返回数据对象中的 key 就是指定的别名。所以开发者要有一定的机制避免使用重复的别名。

动动手：给字段指定别名，执行下面的操作查看结果。

```
query {
  product(id: "10001") {
    id
    name
    other: name
  }
}
```

2.6.3　使用片段

在 GraphQL 的查询中，经常需要为查询指定所需字段。很多时候这些指定的字段是重复的，比如商品信息，几乎所有的查询都会需要 id，name 等几个常用信息，只有个别查询会需要一些特殊的字段。在这种情况下，可以使用片段来重新对所需字段定义。具体代码如下：

```
query {
  prod1: getProduct(id: "10001"){
    ...prodFields
    inStock
  }
  prod2: getProduct(id: "10002"){
    ...prodFields
  }
}

fragment prodFields on Product{
  id
  name
}
```

> 使用片段时，仍然可以根据需求附加额外的字段 InStock

> 定义片段时，提供所需字段的列表——id 和 name

片段使用 fragment 关键字定义，且片段必须依托某个数据类型。比如上面例子中的 prodFields 就是一个片段。

在需要使用片段的地方，使用三个点 "..." 接片段名的方式，这样在片段里定义的字段就在原地展开了。在 GraphQL 中，把这个三个点 "..." 称作展开操作符。

为什么在这里强调是原地展开呢？因为可以在查询的不同层里使用片段。比如定义一个获取祖孙三代的查询：

```
Query {
  getUser(id: "9527") {
    ...userFields
```

```
        father{
          ...userFields
          father{
            ...userFields
          }
        }
      }
    }
fragment userFields on User {        片段依托一个具体类型 User
      id
      name
    }
```

祖孙三代就共享了一套 userFields 片段，但这个片段是在查询的不同层里展开的，查询等价于：

```
Query {
  getUser(id: "9527") {
   id
   name
   father{
    id
   name
     father{
        id
       name
     }
    }
   }
  }
}
```

可以看到每一层都有自己的 id 和 name，分别属于自己、父亲和祖父，并不会混淆在一起。

动动手：试试看，在片段里使用片段又会是一种什么状态呢？

2.6.4 类型条件

在学习接口和联合时，读者了解了如何让一个查询返回不止一种数据类型，可是不同的数据类型会包含不同的字段，如何在查询请求中针对不同的类型指定不同的字段呢？

 需求 构建一个查询给服务器，查找书和新朋友。如果是书，需要书的 id 和书号（isbn）两个字段；如果是用户，需要 id 和其父亲名字（father{name}）两个字段。

借用前面的书和新朋友中 Resource 的定义：union Resource = Book | User。

一个资源可以是一本书，也可以是个用户。allResource 查询会返回一个资源的列表，用

[Resource]表示。在列表中，具体的字段可以是本书，也可以是个用户，需要分别对待。具体代码如下：

```
query {
  allResource() {
    id                          //共有字段
    … on User {father{name}}    //如果是用户
    … on Book{isbn}             //如果是图书
  }
}
```

和前面介绍的片段很像，仍然使用展开操作符 "…" 来展开字段。而且使用 on 这个关键字来表明这些字段要落实在哪个类型上。只有用户类型的数据，才会去索取 father 字段，同理，只有书类型的数据，才会去索取 isbn 字段。

使用 … on TypeName{ field1, field2…} 这样的表达，其实和使用片段十分类似，在 GraphQL 的标准中，称为内联片段。熟悉 C++内联函数的读者，很容易想象到内联片段和普通片段的关系。

动动手：实测上述查询到底返回什么样的数据，然后试着使用上一节介绍的片段来重写这个查询。

2.6.5 使用 Directive

有时候需要根据某种条件来批量选择或者不选择一些字段。

某个移动应用客户端需要根据目前屏幕的大小来决定获取内容的多少，比如说，如果发现是窄屏手机，就不显示产品的图片了，只显示名字。原来的程序员通过写两个不同的查询来解决这个问题，但现在想只用一个查询达到目的。

原来的查询是这样的：

```
query forNarrowScreen{
  product(id: "0001") {
    id
    name
  }
}
query forBigScreen{
  product(id: "0001") {
    id
    image
  }
}
```

下面做一个统一的查询来适应所有的屏幕：

```
query forAllScreen ($isNarrowScreen: Boolean){
```

```
      product(id: "0001") {
        id
        name @include(if: $isNarrowScreen)
        image @skip(if: $isNarrowScreen)


      }
    }
```

通过在字段后面指定两种 Directive 的方式，来决定字段的去留。

@include(if: $isNarrowScreen) 如果 if 后面的表达式为真，就保留该字段，否则剔除该字段。

@skip(if: $isNarrowScreen) 和@include 相反，如果 if 后面的表达式为真，就剔除该字段，否则保留该字段。

对于批量字段需要通过某种条件来决定去留，可以使用 Directive 来结合片段和内联片段。

动动手：如果在同一个字段上同时加入@include 和@skip 会发生什么？

2.6.6　后端工程师的福音

变量、别名、片段和 Directive 只在客户端有意义，对服务器端的 Schema 来说是透明的，即 Schema 完全感知不到 Directive 的存在。所以在设计 Schema 和实现后端代码的时候，完全不需要考虑变量、片段、别名和 Directive。

某些 GraphQL 的后端实现会支持在服务器端使用 Directive 片段，这与客户端发送的片段有所区分，这里就不详细讨论了。

2.7　简单数据验证

GraphQL 对客户端发送的查询请求和服务器端返回的数据结果响应都会进行验证（Validation）。

对查询请求进行验证发生在每个操作被执行之前，这可以防止有错误或者有歧义的查询被执行而产生不良的结果。从前面的讨论中可以发现，一个 GraphQL 查询可以包括不止一个操作，只要任何一个操作不能通过验证，所有的操作都不会被执行。

在实践中，客户端也可以提前得到服务器端的 Schema，然后在客户端进行验证，也可以对查询验证结果进行缓存，这样有问题的请求不需要发往服务器端进行验证。服务器端也可以做类似的验证结果的缓存，以减少重复验证的开销。但在客户端进行验证或者缓存验证结果的时候，需要注意服务器端的 Schema 可能会升级，比如说当加入新的类型、新的枚举值等的时候，在服务器端新的修改要尽量保证向前兼容，以免造成客户端和服务器端验证结果不一致的情况。

GraphQL 会对请求的语法和结构进行全面验证，这涵盖很多方面。比如：前面在商品比较例子里提到的两个操作不能重名；请求商品的时候不请求 id 和 name 这两个必填项也会出错。这一节将对一些比较重要且常见的验证进行讨论，有兴趣的读者可以参考

GraphQL 的规范。

2.7.1 必填值的验证

先来讨论一个最基本，也是最简单的验证，即必填值非空（non-null）的验证。

例如商品，在创建伊始，一定要有两个必填字段，就是 id 和 name，而 price 等字段由于商品可能还没有上架，暂时没有值可以填进去，可以说这个字段为空（null）。那么如何定义非空类型呢？其实很简单，只要在非空字段的原类型后面加一个感叹号！就可以标注这个字段是非空的。这个限制对输入和输出同样有效。

在后面的章节中，把 String!称作 String 的非空类型。例如：

```
type Product {
    id: ID!,           ←── 非空字段
    name: String!,     ←
    price: Float,
    inStock: Int,
    isFreeShipping: Boolean
}
```

动动脑：字符串列表的非空是写成 [String!]，[String]! 还是 [String!]! 呢？

一起来思考一下列表的非空情况。例如商品可以有多个名字，对于像这样的字符串列表（数组），如果写成 name: [String!]，这个写法代表列表中的每一个 String 元素都不能为空，但列表本身可以为空。如果写成 name: [String]!，则代表列表本身不能为空，但是其中元素可以为空。

如表 2-1 列出了各种列表非空类型对于不同值的验证结果。例如对于数据[null, 'abc']这样的字符串列表就不能通过[String!]的验证，因为非空作用于列表中的每一个元素，列表中的第一个元素 null 不能通过验证。

表 2-1　列表非空验证结果对照表

类型\值	Null	[ ]	['abc', 'cde']	[null, 'abc']
[String]	✔	✔	✔	✔
[String!]	✔	✔	✔	✘
[String]!	✘	✔	✔	✔
[String!]!	✘	✔	✔	✘

2.7.2 标量值的验证

对于 GraphQL 系统内建的标量类型，如 ID，Int，Float，Boolean 和 String，在实际操作中会有一些隐式的转换规则。例如下面这个查询也是合法且有效工作的：

```
query {product(id: 10001) {name }}
```

数字 10001 被隐式转换成了 ID 或 String。

动动手：为下单操作增加一个支付类型的枚举型，可以使用信用卡和支付宝两种支付方式。看看 GraphQL 是如何验证枚举请求的。

对于使用 Scalar 关键字自定义的标量类型，需要根据前后端框架的要求，手动实现自定义的验证规则。如果没有实现自定义验证规则，GraphQL 会把这些标量当作 String 型进行验证和处理。

第 3 章

电商网站前端开发

导读：本章主要解决的问题

- 如何架构前端应用？
- 如何取得数据？
- 如何显示数据？
- 如何修改数据？

一个好的应用是前端和后端的完美结合，设计并实现有生命力的前端是一个应用成功与否的重要一环。在本章中，读者会看到很多前端工程使用 GraphQL 的常用例子和优化技巧。使用 GraphQL 的前端开发模式是多种多样的，一本书的篇幅是无法全部涵盖，希望读者可以举一反三，结合实际项目所使用的框架，灵活应用。本章通过 GraphQL 的前端代码的讲解，来让读者更好地了解什么样的 GraphQL API 会是前端工程师喜闻乐见的好 API。希望读者能通过本章中的前端代码实例，了解 GraphQL API 设计的奥义。

基本思路 1：基于 Schema，尽量少甚至不关心后端具体实现。

基本思路 2：前端代码要易维护、易修改、易测试。

基本思路 3：尽量减少代码重复，做到 DRY[⊖]。

3.1　GraphQL 前端开发要点

GraphQL 的前端开发主要是针对前端技术和 GraphQL 客户端的结合使用。一般来说，当今移动互联网应用的开发者不仅关注如何实现功能，还会考虑迭代速度以及代码的可维护性。

3.1.1　前端开发的主要任务

1．构建查询

由于 Schema 的存在，在前端开发中并不需要关注后端的实现细节和所用技术，在前端只需要对数据按需取用。也有很多开发者把这种方式称为声明式数据取用（Declarative data fetching）。

那么怎么声明呢？其实就是根据业务逻辑和需求来构建 GraphQL 的查询操作——Query，Mutation 以及 Subscription 等。

2．拿到数据

构建好查询，客户端就可以发送查询请求到服务器端，然后解析服务器端返回的结果，让前端的其他模块可以自由使用这些结果数据。一些成熟的 GraphQL 客户端还会使用缓存（cache）来避免去服务器端请求重复的数据，提升前后端通信的效率。使用缓存还有另外的一个好处，让客户端应用可以有一定的离线（offline）能力，比如说在网络临时中断的时候，也有部分功能可以响应用户的操作。

3．显示数据

GraphQL 服务器端返回的结果是 JSON 格式的数据，开发者在服务器端要把这些数据映射成前端的 UI 元素（UI element）。比如从后端拿到一个产品列表，就是一个 JSON 数组的形式，需要把这些数据转换为可显示的——用户觉得好看和易于使用的形式。

在 GraphQL 前端开发中，其实构建查询和显示数据是一一对应的，有什么样的查询就显示什么样的数据，或者说需要显示什么样的数据，就构建什么样的查询。

⊖ DRY：是 don't repeat yourself 的缩写，意思是说不要有重复的代码。

4．和数据互动

数据显示好后，还要允许用户和 UI 互动，比如点击、修改、查询、翻页操作等。需要注意的是，有些互动在前端就可以解决，而不需要去"烦扰"服务器端——比如把一个已经获得数据的回复列表折叠。但也会有很多互动一定要发送请求给服务器端——比如回复一个帖子。在这种情况下，GraphQL 前端项目会起到把用户操作映射到 GraphQL 查询的作用。当然，也可以理解为在处理用户操作的时间处理中，向服务器端发送 GraphQL请求。

3.1.2　前端开发的难点

1．保证数据一致性

当通过 GraphQL 从服务器端拿到某些数据，这些数据可能会显示在某些 UI 元素里，可能同时也会在客户端缓存里，当然还有可能在服务器端的缓存和数据库里。那么难点就在于需要尽量保证这些数据的一致性。

2．减少重复代码

这一章会尽量使用很 DRY 的代码，在保证数据一致性的同时，又可以保证代码的易读性和可维护性。

3．结合使用前端框架

GraphQL 是一个很新的技术，它的出现要晚于绝大多数主流前端框架。主流前端框架在设计伊始，并没有考虑到 GraphQL 的存在。但目前非常多的前端项目都会选择依托某种前端框架技术，所以本章中的代码示例会尽量展现 GraphQL 的特性，也会兼顾和前端框架结合。

Q&A　　　为什么前端要使用 React，Vue，Angular 这样的技术框架？

一般来说，不管是前端项目还是后端项目，合理使用框架技术都可以让开发者从繁重的底层代码开发中解脱出来，使开发者专注于核心业务逻辑。但框架不是万能的，像 React, Vue, Angular 这些框架可以说是为现今 99%以上的前端应用开发需求所设计的，但总有那么一小部分项目有特殊需要，而没有使用框架，所以前端的开发者最好能同时具备使用框架和不使用框架两种环境下的开发技能。

3.1.3　前端技术的选型

针对 GraphQL 前端开发的特点和本书讲解 GraphQL 的需要，本书选择使用目前开发社区最活跃的 Apollo GraphQL 客户端，同时结合前端框架以及国内外使用人数最多的React 框架。

前端框架是一个项目的骨架，Apollo 客户端不仅是和服务器端沟通的桥梁，它更像是项目骨架中的关节，让前端项目的各个部分紧密结合在一起，并提供很大的灵活性。

Q&A　　　Apollo 的 GraphQL 客户端可否在不使用前端框架的项目中工作？

可以。在 Apollo 客户端初始化好后，可以直接调用 client.query()来对服务器端的数据进行查询。读者可以参考本书后面章节中使用 client.query 的具体例子。

3.2 前端 React 项目初始化

React 由 Facebook 研发并开源，是目前使用最广泛的前端框架之一。这一节来讨论一下如何构建一个基于 React 的 GraphQL 前端项目。

3.2.1 React 特点简介

React 最大的特点之一是采用声明式的方式构建用户界面，强调用户界面自动与数据保持同步。

基于 React 的前端项目会根据 UI 显示的需要，声明若干组件。如图 3-1 所示，各个组件按照树形结构组织。

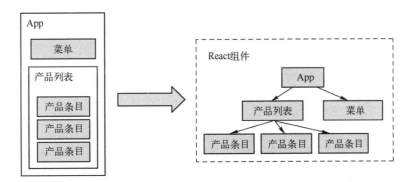

图 3-1　UI 与 React 组件组织结构示意图

在图 3-1 中，左边是 App 应用实际显示出来的用户界面，右边是 React 组件的结构。如果要设计一个 App，它的主页包括一个置顶菜单和一个产品列表，产品列表又包括若干产品条目。对于这样一个 UI 设计，一般按照图 3-1 中展现的方式设计并组织 React 组件。组件的父子关系代表着包含的关系。图中 App 有两个子节点——产品列表和菜单，代表着 App 这个页面里包含着产品列表和菜单这两个 UI 组件，同时把 App 称为产品列表和菜单的父节点组件。

React 使用 JSX 来声明和使用组件。JSX 可以看作是 JavaScript 语法的扩展。有了 JSX，可以方便地在 JavaScript 中使用类似 Html 的 Tag 来描述用户界面。和很多模板语言不同的是，JSX 是 JavaScript 扩展后的一部分，两者可以无缝地结合。现在把图 3-1 中的例子用 JSX 的方式表达出来：

```
<App>
 <Menu>菜单</Menu>
 <ProductList>
  产品列表
  <ProductItem/>
  <ProductItem/>
```

```
        <ProductItem/>
      </ProductList>
    </App>
```

前端工程师对上面这种表达方式十分熟悉，它一种和 HTML/XML 方式一样，使用标签（<App>就是一个标签）的方式来设计和组织 UI 界面上的组件。这种方式非常灵活，易于重用。

React 的每个 UI 组件，都可以承载 props（属性）和 state（状态）这两组关键数据。

属性是从父组件传递过来的，属性的数据传递是单向的，很多前端开发者都建议数据只从父组件传递到子组件。有些开发者可能会使用对象引用的方式在子节点中修改属性中的数据，但这是不推荐的。

状态是一个组件内部的数据，通过 setState 更新，状态的更新代表 UI 显示也要更新，比如一个面板控件（Panel）的收起和展开。GraphQL 也是利用属性和状态和 React 组件进行整合。

3.2.2　React 整合 GraphQL 前端系统设计

React 和 JSX 这种设计和实现 UI 的方式是声明式的，任何需要出现在某个位置的 UI 组件，只要被声明在对应的标签内部即可。

由于 React 和 GraphQL 都是要什么就声明什么的设计方式，造就二者的天然结合。UI 组件想要什么数据就声明在查询里，根据数据来渲染（render）用户界面，比如产品列表，根据查询操作结果里有几条产品数据，就渲染几个产品条目组件到用户界面。

图 3-2 描述了如何把 GraphQL 与 React 组件整合到一起。把 React 组件的根节点用 GraphQL 客户端提供的 AppolloProvider "包起来"，然后把需要整合 GraphQL 数据的组件，如 "产品列表" 用 graphql(…) 函数 "包起来"。其他结构以及组件之间的关系不变，这就完成了 GraphQL 和 React 的整合。

图 3-2 体现出 React 项目整合 GraphQL 的两个特点：

1. 项目结构（React UI 组件结构）保持不变

整合 GraphQL 后的 React 项目，仍然保持传统的树形结构。UI 组件之间父子关系不变，props 中数据下发的方式不变。

2. 只有一部分组件需要结合 GraphQL

并不是每个组件都需要和 GraphQL 打交道。对于需要和 GraphQL 打交道的组件，比如产品列表，把普通 React 组件和 GraphQL 查询操作用一个 Apollo 客户端提供的函数 "包起来"。这样 "包起来" 的组件就可以 "看" 到 GraphQL 的数据，并进行处理——把从 GraphQL 服务器端得到的每一条产品数据都创建一个产品条目组件。产品条目组件就是普通的 React 组件，它不与 GraphQL 查询打交道，只接收从父节点传过来的数据属性。

每个产品条目组件想要从服务器端拿到更多的产品细节数据，理论上可以绑定一个 GraphQL 的查询，但是最好不要在产品条目组件被加载的时候发送 GraphQL 请求，因为如果 UI 同时显示 20 条产品条目，需要同时发送 20 条请求到服务器端，这没有必要，也不符合 GraphQL 的设计初衷，完全可以在父节点组件一次性拿到所有需要的数据。

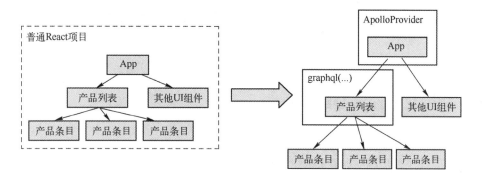

图 3-2　React 前端项目接入 GraphQL

3.2.3　创建 React 前端工程

先安装 GraphQL 前端工程的工具脚本：

```
npm install -g create-react-app
```

使用安装好的脚本来创建 React 前端工程：

```
create-react-app react-graphql
```

运行前端工程：

```
cd react-graphql
yarn start
```

在浏览器中敲入 http://localhost:3000/ 访问刚刚创建的前端工程页面。读者还可以直接复制已经基本完成的 GraphQL 前端项目[○]，并使用 yarn start 运行。

3.2.4　安装 Apollo 客户端

虽然可以在不使用 Apollo 客户端的情况下，通过 JavaScript 的 Fetch API 或者 jQuery 的 get 以及 post 来发送 GraphQL 请求到服务器端，但 Apollo 客户端已经提供了本地缓存、分页、自动刷新和订阅等若干非常实用的功能，实在没必要自己造轮子。所以建议 GraphQL 的前端项目使用 Apollo 或者类似的产品化客户端与服务器端进行对话。

使用 yarn 来添加软件包：

```
yarn add react-apollo
```

Apollo 的 GraphQL 客户端不单是负责网络数据传输——发送 GraphQL 的请求给服务器端同时拿回返回的数据，它在前端项目中还承担以下重要的工作：

○ Git 地址 https://github.com/beinan/react_graphql_starter。

- 为服务器端数据提供本地缓存，并且能够在修改数据之后，提供一些工具，帮助开发者非常容易地更新本地缓存，提高数据的一致性。
- 把 React（也支持 Vue 和 Angular）的 UI 组件和 GraphQL 自动联结在一起。
- 进行分页处理。
- 支持基于 WebSocket 的数据订阅功能，可以从服务器端得到实时的数据。

3.2.5 初始化 GraphQL 客户端

因为 Apollo 的 GraphQL 客户端的主要功能不只是网络数据传输，还提供了一些方便的功能，所以可以在客户端初始化代码中看到很多不同的模块。

下面是删掉了 CSS 样式表以及图标等导入代码，这样读者可以更加关注 GraphQL 相关的代码：

```
import React from 'react';
import ReactDOM from 'react-dom';
import App from './App';

import { ApolloProvider } from 'react-apollo'
import { ApolloClient } from 'apollo-client'
import { HttpLink } from 'apollo-link-http'
import { InMemoryCache } from 'apollo-cache-inmemory'

const graphQLServerLink = new HttpLink({ uri: 'http://localhost:8888/
graphql' })          这里填入 GraphQL 服务器端的地址 uri

const client = new ApolloClient({
  link: graphQLServerLink,          创建一个 GraphQL 的客户端，把 GraphQL 服
  cache: new InMemoryCache()        务器端的地址 uri 传递给客户端。缓存 cache
})                                  在后面的章节介绍

//bind react components with graphQL
const graphQLApp =
  <ApolloProvider client={client}>          用 ApolloProvider "包住" React 前端应用
    <App />                                 的根节点 App。并把前面创建好的 client
  </ApolloProvider>                         传给 ApolloProvider

ReactDOM.render(graphQLApp, document.getElementById('root'));
```

Apollo 客户端通过 ApolloProvider 把 React UI 组件的根节点"包起来"。这是一种类似 React 中常见的 Context[⊖]的写法。其目的是让 App 的所有子节点以及子节点的子节点都可以拿到初始化好的 Apollo 客户端，而不需要明显地把客户端逐层向下传递。需要使用 GraphQL 功能的子节点通过这个客户端，就可以让 GraphQL 的查询以及返回的数据与 React

---

⊖ React 的 Context（上下文）是 React 不同组件之间共享数据的有效方式。Context 不需要在组件树上逐层进行属性传递，就可以让 React 组件树上的所有组件共享某个对象。

UI 组件自动结合。

3.2.6 手动发送查询

有时候我们只想发送一个请求，而不需要和任何 UI 显示挂钩，那么可以直接使用 ApolloConsumer 组件，在其中直接调用 client.query( ) 方法，这是测试的好方法。

动动手：读者可以在 app.js 里通过初始化好的 client 来调用 query 方法，测试客户端和服务器端的通信是否正常。

对于不喜欢使用或者由于某些特殊原因不能使用 React 等前端框架的朋友，也可以直接使用 client.query()和 GraphQL 服务器端互动。

3.3 只读数据的 React UI 组件

从最简单的例子开始，先来实现一个不需要修改数据的 React 组件。

需求 实现一个产品列表的 React UI 组件，只需要显示产品的 id 和 name，并把它放到建立的项目中。

3.3.1 构建 GraphQL Query 查询

先来构建一个 GraphQL 的 Query 查询——拿到所有的产品，并指定所需字段为 id 和 name。在构建查询的过程中，要避免引入不必要的字段，比如商品列表目前只需要 id 和 name 两个字段，那么不要随便加入第三个字段，这样可以节省服务器端的查询资源和网络带宽。代码如下：

```
const ProductListQuery = gql`
  query {
    allProducts{
      id
      name
    }
  }
```

> gql 是个解析 GraphQL 查询字符串到 AST 的函数

在这里并没有直接使用一个字符串来表达 GraphQL 的查询，而是使用了 gql，这个 gql 是什么呢？它其实是在 graphql-tag⊖中定义的一个 JavaScript 函数。需要在源文件中引入 graphql-tag：

```
import gql from 'graphql-tag';
```

gql 函数把 GraphQL 的查询字符串解析成一个抽象语法树（Abstract Syntax Tree，简称 AST）——其实就是以树的形式来表达 GraphQL 查询。如果读者只是使用 Apollo 这样已经

⊖ 用以解析 GraphQL 查询字符串的开源软件包，详见 https://github.com/apollographql/graphql-tag。

非常完善的 GraphQL 客户端，则不必纠结于 AST 这个概念，只需要把 gql 函数返回的结果传给 Apollo 客户端即可。但如果读者想自己开发一个 GraphQL 的客户端或者服务器端，那就需要对 AST 的解析结果有所处理。这里就不展开了，读者可以参考 graphql-tag 的官方网站。

需要注意的是 graphql-tag 对于 GraphQL 查询解析是在运行时进行的，虽然其会对解析结果进行缓存，但如果开发者所提供的查询数量特别多或者每个查询的长度过长，可能就会影响前端应用的初始化时间。如果读者遇到类似的问题，可以考虑使用一个 babel 插件 babel-plugin-graphql-tag⊖对查询进行预编译处理，以减少运行时的初始化时间。

为了让 GraphQL 查询和 UI 组件更加内聚，把查询和 UI 的代码放到了一起。其实对于中等规模以上的前端应用，开发者可以把所有查询的定义都集中在一起——比如说放在一个js 文件中，或者一个文件夹下，然后把查询的 const 定义传播（export）出去，这样可以更好地管理和重复利用 GraphQL 查询。

例如：

```
export const PRODUCT_QUERY = gql`…`; //``中放入实际的查询
export const USER_QUERY = gql`…`;
```

3.3.2　定义列表元素组件

可以把产品列表看作一个 React 组件的数组或列表，数组的每一个元素就是一个产品条目的组件。要显示列表，先定义一个产品条目的 React UI 组件。使用 ES6 的语法糖直接创建一个 Class 并让其继承 React 包中的 Component。对于不喜欢 ES6 语法的开发者，可以使用 React.createClass() 来创建 UI 组件。后面还会介绍其他更精简的组件创建方式，开发者可以根据实际项目需要，选择最合适的方式使用。例如：

```
class ProductItem extends Component {
  render() {
   return (
    <a className="panel-block">
     {this.props.product.name}          假定每一个产品的数据已经放在
     ({this.props.product.id})          this.props.product 中，后面会介绍，这
    </a>                                个数据是如何放进去的
   )
  }
}
```

3.3.3　定义列表组件

先假定产品列表数据已经放到 this.props.data.allProducts 中了。代码如下：

```
class ProductList extends Component {
```

⊖ 预编译处理 GraphQL 查询字符串的开源软件包，详见 https://github.com/gajus/babel-plugin-graphql-tag。

```
         render() {
            if(this.props.data.loading){
              return <div>Loading</div>
            }
            return (
              <div className="panel">
                <p className="panel-heading">
                  Product List
                </p>
                {this.props.data.allProducts.map( product =>
                  <ProductItem key={product.id} product={product}>
                  </ProductItem>
                )}
              </div>
            );
         }
      }
```

> 需要注意的是，GraphQL 的数据可能还在远程到本地的传输中，所以在使用数据前，要考虑 loading 这个状态

> 为数据列表中的每一个元素创建一个定义好的产品列表元素组件 ProductItem

> 把产品数据传给定义好的产品列表元素组件 ProducntItem

开发者需要注意 Loading 的状态。因为数据需要时间来从服务器端传输到客户端。这个时间可能很长，也可能很短，也可能在传输过程中出错，所以不能假定数据可以直接使用，需要判断数据传输的状态。不经判断直接使用数据，会造成前端应用出错甚至崩溃。

做过 React 开发的读者会发现，这是个普通的 React UI 组件，并没有因为在 GraphQL 项目中而有任何不同。所以要把 GraphQL 和已有的 React 前端项目整合，其实不会有太多"伤筋动骨"的改动。而且 UI 组件和 GraphQL 之间是一种松耦合的关系，数据可以来自 GraphQL 也可以来自其他地方，这样方便把 UI 组件和其他技术整合，并且方便编写自动化测试。

UI 组件有了，可真实的数据怎么得到呢？其实非常简单——只需要把定义的 GraphQL Query 查询和 React UI 组件绑定到一起就可以了。

3.3.4　绑定静态查询和 UI 组件

首先用 import 绑定工具，把定义的查询和 React UI 组件绑定在一起：

```
import { graphql } from 'react-apollo'

const ProductListWithData = graphql(ProductListQuery)(ProductList)

export default ProductListWithData
```

> 把查询和 UI 组件绑定到一起。

> 导出给外部的是绑定好的 UI 组件。这样前端项目的其他模块就可以像普通 React UI 组件一样使用这个产品列表的功能了

都绑定好后，就可以像正常的 React UI 组件那样使用了。读者可以运行作者在 GitHub 上的 React 项目，测试商品列表是如何生成的。

动动手：在商品列表中加入每个商品的库存。

提示：在前端要修改两处地方才能拿到和显示库存数据哦。

3.3.5 使用 Query 组件

前文介绍了如何在普通 React UI 组件的基础上，绑定一个 GraphQL 查询，这种方式非常适合开发者在已有 React 前端项目基础上，进行 GraphQL 的整合。对于还没有 React UI 组件的新项目或者新功能，Apollo 的 GraphQL 客户端还提供了一个 Query 组件可以让我们更容易（更函数式）地把 GraphQL 绑定在 React 组件之上。

使用 Query 组件也还是要在 React 应用的根节点引入 ApolloProvider，这样 Query 组件才能顺利地拿到 ApolloClient。

继续使用已经定义好的 GraphQL 查询，这些都没有变化。代码如下：

```
import { Query } from "react-apollo";
//这里省略了 ProductItem 和 ProductListQuery 的定义，具体内容和上一节中相同
const ProductList = (props) => (
  <Query query={ProductListQuery}>      最重要的一步，给 Query 组件传入事
    {(({loading, error, data}) => {      先定义好的 GraphQL 查询
      if(loading) {
        return (<div>Loading</div>)      这里定义 Query 组件如何 render 需要的
      }                                  view。在 GraphQL 的查询状态发生变化时，
      return (                           这个 function 会被自动调用
        <div className="panel">
          <p className="panel-heading">
            Product List
          </p>
          {data.allProducts.map(product =>
            <ProductItem key={product.id} product={product}>
            </ProductItem>                根据 GraphQL 查询返回的结果生成商品列表
          )}
        </div>
      );
    }}
  </Query>
);
export default ProductList
```

这是一种全新的做法，比上一节介绍的做法更简单。从上面代码可以看出这个过程主要分三步：

1. 告诉 Query 组件要进行什么样的查询。

通过给 Query 组件传入一个 query 属性来把一个事先定义好的查询绑定给 Query 组件。

2. 定义 Query 组件的 render 函数，并使其可以接受三个参数——loading，error 和 data。

对于每一个 React 组件，放在组件 JSX 标签体内的内容或者代码是用来告诉 React 如何

来生成（render）这个组件的。Query 组件就要求提供一个形如（{loading, error,data}）=> {...} 的函数来描述我们到底要给用户现实什么内容。

3．在 render 函数中定义如何处理 loading 和 error 状态以及如何生成视图。

具体方式和前面介绍过的使用组件类继承方式中的 render 方法十分相像。但需要注意的是，不再需要使用 this.props.data 来获得数据，因为 Query 组件已经把数据作为 render 方法的参数直接传递进来，可以方便地直接使用 data 来获得数据。

3.3.6　从 Query 组件中接收一个参数

需求　为每个商品制作一个展示页面。有了商品列表页面之后，要允许点击其中任何一个商品来进入该商品的展示页面。在商品的展示页面，只展示一种商品，用户可以看到更多该商品的细节。

首先，为了支持点击商品跳转到展示页面，需要先安装 react-router：

```
yarn add react-router-dom
```

定义两组 URL，/是根节点或者说主页，就是商品列表，/product/:id 会转向商品展示页。代码如下：

```
<Switch>
  <Route exact path='/' component={ProductList} />
  <Route path='/product/:id' component={ProductDetail} />
</Switch>
```

动动手：在前面定义的 ProductItem（也就是商品列表的每一个条目的组件）中加入 react-router 特有的链接组件，让它指向/product/:id。在 Link 组件中，需要用真实的商品 ID 来替换链接中的:id。具体的语法是：

```
<Link to = "/xxxx/xxx">xx 商品</Link>
```

提示：可以使用字符串拼接的办法，比如"/product/" ＋???。

有了这个链接之后，就可以实现商品展示页面，也就是 ProductDetail 的具体内容了。

在这之前，还是要给服务器端发送前面定义好的 product (id: ID!)操作来得到一个商品的具体信息。因为每个商品的 ID 是不同的，所以要把商品 ID 作为一个变量来传递给这个 GraphQL 操作。代码如下：

```
const ProductDetailQuery = gql`
  query($productId: ID!) {
    product(id: $productId){
      id
      name
      inStock
      price
      isFreeShipping
```

> 这里定义变量——也可以说是为查询提供的参数

> 这里使用变量，注意变量的类型必须要与使用变量的查询参数类型一致——都是 ID!

```
      }
    }
```

有了这个可以支持标量的查询之后，读者可能会有一个疑问，就是这个变量的值从哪里来？这就需要使用 Query 组件来给这个变量传入一个值——也就是当前商品的 ID。代码如下：

```
const ProductDetail = (props) => (
  <Query query={ProductDetailQuery}
       variables = {{productId: props.match.params.id}}>
    {({loading, error, data}) => {
      …
    }}
  </Query>
)
```

> 这个商品 ID 来自 react-router 对 URL 的解析
> ——比如说/product/333，那这里的值就是 333

在 Query 组件中，开发者在指定 query 属性时，还可以通过 variables 属性来指定变量。variables 属性需要传入一个对象，对象中的字段对应查询中的变量。

Q&A　　**为什么这里要两个花括号呢？**

内层花括号表示这是一个 JavaScript 的对象。

外层花括号是告诉 JSX 花括号内部是一个 JavaScript 表达式。

动动手：实现 ProductDetail 的功能细节。

3.3.7　数据的接收以及出错处理

在前端代码的运行期，任何一个 GraphQL 查询操作都有三种可能的状态：

● 下载装入中——loading。

● 已出错——error。

● 数据准备好了——data。

事实上这也就是前面介绍的 Query 组件中内层函数所需要的三个参数。

在 React UI 组件被准备时，如果这个组件被绑定了一个 GraphQL 查询，它就会尝试通过这个查询去找到对应的数据。

小实验：在一个页面中装入两次定义好的商品列表组件，可以在商品列表中点击某一个具体商品，然后点击 Home 回到商品列表。这期间，通过浏览器的开发者工具查看前端代码访问了几次服务器。

细心的读者可能会发现每次浏览器重新刷新页面后，在页面来回切换的过程中，前端项目只在第一次会访问服务器，然后就不再访问了。在绑定一个 GraphQL 查询操作在 Query 组件上之后，前端项目并没有再经常发送请求到服务器端。这是因为 Apollo 客户端提供了缓存机制，如果能在本地缓存中找到数据，就可以省掉去后端 GraphQL 服务器请求数据带来的延时，从而提高前端应用的反应速度。所以 Apollo 客户端默认是优先从缓存中读取数据，如果缓存中存在该数据，就直接使用而不发送任何请求给服务器端；如果缓存中没有

（称之为 cache miss），就发送请求给后端 GraphQL 服务器。现在的 Apollo 客户端只对读操作 Query 有效，而写操作 Mutation 是不管怎样都要发送请求给服务器端的。后面还会结合 Mutation 来讨论缓存数据是怎么更新的。

所以说，Query 组件与其说是绑定了一个 GraphQL 查询操作，倒不如说是 Query 组件订阅了这个查询操作的结果。当查询操作结果状态改变时，Query UI 的组件会重新 render，保证把收到的数据即时显示给用户。

动动手：定期发送查询每隔 5 秒自动刷新产品列表。

小提示：在 Query 组件中使用 pollInterval。

小实验：如果 pollInterval 是 0，会发生什么？

Polling 是最常用，也是最简单，在多数情况下效率最高的保持数据更新的方式。当然，后续章节还会提到另外一种更加实时的方式——订阅（subscription）。

3.3.8 手动刷新

动动手：用户点击一个按钮，就刷新产品列表。

提示：在 Query 组件中使用 refetch 函数。

```
data.refetch(variables)
```

开发者可以在调用 refetch 时使用不同的变量参数（就是 GraphQL 的查询变量），这样可以实现类似手动翻页之类的功能。

另外，需要注意的是：在 refetch 获得的新数据没有到达客户端前，页面不会更新，而且会保持原样。很多读者可能会有疑问，如果传输出错了怎么办？或者用户怎么知道数据在传输呢？

可以使用 networkStatus 来得到更多网络传输的细节信息，它返回一个整数，代表多种不同的状态。这里就不一一列举了，感兴趣的读者可以参考 Appollo 的官方文档。

3.4 修改数据的 React UI 组件

在使用 GraphQL 的修改操作时，开发者不仅需要关注发送操作请求到服务器端，还需要注意合理利用 Mutation 操作的返回值。可以利用返回值来更新用户界面，也可以更新客户端缓存。

Q&A 有的读者可能会想，既然已经知道当前的库存数量，也知道订单中购买的数量，两者相减就可以得到下单成功后的库存，那为什么还要使用 Mutation 的返回值来更新用户界面？

要尽量以服务器端的数据为准，因为服务器端的数据可能会被其他用户更新。比如说用户下单购买这个操作，起初库存是 100 个，用户下单购买 10 个，如果不管服务器端的数据，可以直接把客户端的库存更新到 90。但是在本地客户端下单成功的同时，可能还有其他客户端也下单成功了，系统中的实际库存很可能就不是 90 了。

所以说对于对数据一致性要求比较高的应用，一定要以服务器端返回的数据为准。

需求　下单——在商品展示页面，提供一个简单表单，包括购买数量的输入框和提交按钮。用户点击提交后，发送 GraphQL 请求到服务器端。服务器返回成功后，利用服务器端返回的数据，更新当前页面库存。

3.4.1　定义一个带有变量的 Mutation 操作

和只读 Query 的写法非常类似，为下单操作定义如下的 GraphQL 查询：

```
const MakeOrderQuery = gql`
  mutation makeOrder($productID: ID!, $quantity: Int) {
    makeOrder(productID: $productID, quantity: $quantity) {
      id          ← 这里只需要返回 id 和 inStock 就足够了
      inStock
    }
  }
`;
```

上面的查询接收两个参数，商品 ID 和下单购买数量 quantity。

3.4.2　使用 Mutation UI 组件

需要一个输入框来让用户输入购买数量，并把用户输入的购买数量提取出来和商品 ID 一起传递给 GraphQL 的服务器端。

小思考：购买数量可以通过输入框来得到，而商品 ID 如何得到呢？

如果读者仔细观察前面商品展示页获得商品 ID 的办法，就会发现这里也可以用同样的办法。

下面就来动手扩展一下前面介绍过的 ProductDetail 组件：

```
const ProductDetail = (props) => {
  let quantityInput
  return (          ← 用来保存输入框的对象引用
    <div>
      <Query ...>
        ...          ← 保持前面定义的 Query 组件不变
      </Query>
      <Mutation mutation={MakeOrderQuery}>
        {
          (makeOrder, {data}) => (   ← makeOrder 是一个 JavaScript 函数，调用它就
            <div>                        会发送预先定义的 mutation 操作到服务器
              <input defaultValue="0" ref={node => {
                quantityInput = node;
```

```
                    }}
                  />
                  <button onClick={() => {makeOrder({variables: {quantity:
quantityInput.value, productID: props.match.params.id}})}}>Make Order</button>
                </div>
              )
            }
          </Mutation>
        </div>
      )
    }
```

> 点击这个按钮时，调用 makeOrder 函数，并且以输入框中的数值为参数，再结合 URL 上的商品 ID，就可以发送一个完整查询到服务器端了

使用 Mutation 组件的主要步骤是：

1. 绑定 Mutation 查询：<Mutation mutation={MakeOrderQuery}>。

2. 在 Mutation 组件的 children 里定义 render 函数。

Render 函数会接受两个参数，第一个是只要调用就可以向服务器发送 GraphQL mutation 操作请求的回调函数，一般称之为 mutate function。第二个是服务器端返回的数据对象。和 Query 组件一样，这个数据对象同样包括 loading、error 和 data。

3. 在某个 UI Input 组件（可以是按钮、输入框、文本框、单选/多选框等）的事件处理器中调用 render 函数传入进来的回调函数——本例中的 makeOrder。

前文说过 Query UI 组件都使用了缓存，不用总是发送请求给服务器。但使用缓存也带来了一个问题，Mutation 是发给服务器的，如果操作成功，服务器端的数据就会得到更新，可这时客户端中缓存的数据还没有得到更新。比如说下单成功后，商品的库存在服务器上就会更新，但客户端缓存里的商品库存还是老样子。

为了解决这个问题，需要利用 Mutation 组件的返回数据，这也是为什么要给 Mutation 组件增加返回值的主要原因之一。可细心的读者一定会发现，其实并没有处理 Mutation 操作的返回数值，但界面上的库存数值却在下单成功后更新了。而且不单是商品展示页中的库存得到了更新，就连商品列表页上的库存也被自动更新了，这是怎么回事呢？

因为 GraphQL 的 UI 组件其实是和客户端的缓存数据绑定的。缓存具体是如何工作的，会在第 8 章详细讲解。

3.5 支持订阅

订阅（Subscription）是一种服务器端向客户端推送数据的工作方式。和 Query 相比，订阅不是拿到实时的数据，而是"注册"若干事件的"监听器"。

3.5.1 什么时候使用订阅

其实，使用订阅来推送数据并不是一种很经济的方式，因为需要在服务器端和客户端保持一个数据连接。相对于 HTTP 这种廉价的无连接传输协议，保持连接是相对昂贵的。所以说对于大多数应用，可以采用定期发送 Query 到服务器端的方式来取代订阅。

什么时候可以使用订阅呢？

一是对更新延时要求特别高，比如说需要一秒内响应。二是某些应用在客户端得到初始数据以后，会频繁地发生很多小修改。比如说在线文档共享编辑这类应用，文档本身非常大，当文档初始数据下载到客户端后，客户端的每次请求都只需要去读取服务器端的更新就可以了。一般这种增量式更新的数据量是很小的，如果客户端因此再去读取整个文档就有些得不偿失了。这种情况下，只需使用服务器端把具体的更新数据推送给客户端。

但希望开发者注意的是，这种增量式更新的案例，往往也可以通过合理优化的无连接方式来实现，至于效率（尤其是服务器端）孰高孰低就要看具体的应用场景了。

3.5.2　订阅是如何实现的

现在一般采用 Web Socket 实现⊖，如果使用 Web Socket，开发者需要在客户端和服务器端同时支持 Web Socket。读者可以参考开源项目 subscriptions-transport-ws⊖的实现。

这个库同时支持服务器端和客户端，非常方便，可以非常好地和 Apollo 结合使用。感兴趣的读者可以使用下面的命令安装。更多具体的实现细节，读者可以参考其官方文档。

```
yarn add subscriptions-transport-ws
```

3.6　本地数据

不管是 Web 前端应用，还是手机移动应用，它们的运行环境都会允许开发者使用本地存储功能。开发者可以把本地存储当作一个小型数据库来使用，也可以当作服务器数据的缓存来使用。

本地存储可以是持久化的，也可以是非持久化的。一般来说，本地存储采用 Key-Value 形式存储。

当然也可以完全不保存本地数据，每次客户需要就去服务器读取最新的数据。这样可以保证客户端数据是"最正确"的，用户不会看到过期的数据。但是增加了用户访问服务器的次数，也增加了 UI 组件的访问延时。

开发者可以在本地保存一些不需要发送到服务器的数据，比如说本地的浏览历史等数据，不过这就不在本书的讨论范围之内了。本书的关注点在于把本地数据当作服务器数据的本地副本或者说是缓存来使用，难点在于如何保证数据一致性。

Q&A　　　　购物车数据是放在本地好还是服务器端好？

都是可以接受的。本书建议放在服务器端。因为购物车数据非常有价值，一般需要在服务器端收集，这对进一步做大数据分析等都是很关键的数据来源。另外，服务器端实现可以让用户在登录时，也可以看到自己的购物车内的物品，这是客户端实现的购物车不容易做到的。但客户端实现的购物车也是一种可取的设计，可以减小服务器端的压力，降低用户加载商品到购物车的反应延时，提高用户体验，很适合网络延时高的地区应用。

　⊖ 作者成书之时使用 HTTP/2.0 协议的订阅还不成熟，但 HTTP/2.0 的订阅方案实现有可能在未来的两三年内成为主流，请读者留意。

　⊖ https://github.com/apollographql/subscriptions-transport-ws。

第 4 章

基于 Node.js 的 GraphQL 后端

导读：本章主要解决的问题

- 如何使用开源的后端框架实现一个 GraphQL 的后端服务？
- 如何把 GraphQL 和业务逻辑对接到一起？
- 如何把 GraphQL 和数据库访问等 IO 操作对接到一起？

GraphQL 可以更好地面对产品升级，尤其是 GraphQL 在 API 方面的灵活性，可以直接让前端开发受益。这一章，就来讨论如何在后端简单快速地实现 GraphQL 灵活的 API 服务。

我们使用运行在 Node.js 上的服务器端的 JavaScript 来快速构建 GraphQL 后端服务。近些年来，随着 Node.js 不断变得成熟稳定，已经可以使用 JavaScript 为很多中小型应用⊖实现后端服务。JavaScript 的很多后端 Web 框架都非常容易上手，尤其是方便前端 JavaScript 工程师上手，可以说是全栈 GraphQL 快速开发的首选语言。

在框架技术上，我们借助 GraphQL 在 Node.js 平台上最具代表性的后端实现之一——Apollo 家族的开源 GraphQL 实现，来实现前面介绍的电商网站的例子。

这一章主要介绍如何使用现成的开源框架技术，面向的是快速原型的开发。至于这些后端框架的内部机理，以及如何实现更符合项目需要的 GraphQL 后端服务，会在后面的章节中进行讨论。

4.1 GraphQL 后端架构思想

在本节中介绍几种 GraphQL 常用的架构思想，主要来自作者在硅谷一些真实项目的设计和一些讲座的整理，并非作者的一家之言，希望读者可以把这些思想融入自己的后端项目中去。可以用一句话表达 GraphQL 后端架构的核心思想：

一般把 GraphQL 设计成独立的一层，挡在所有后端服务之前。

4.1.1 "薄"层设计

在一些 GraphQL 的讲座中，经常有人会问，如何在 GraphQL 中做用户权限认证、如何使用缓存、如何进行数据库优化等等这样的问题。作者在这里借用 Facebook 公司内部的回答：

"GraphQL 只是很薄的一层，不要在这一层做这些事情。"

对于绝大多数系统，GraphQL 在后端的系统设计中只是薄薄的一层，它本身只承担极少的业务逻辑——如部分数据验证。至于怎么做用户权限认证、怎么使用缓存、怎么访问数据库，或怎么访问后端大量的微服务等，这些都不在 GraphQL 这一层来完成。开发者可以自己定义若干个模块或者函数方法去处理这些实际的事情，然后把这些模块和 GraphQL 层通过模块之间的 API 连接在一起。所以虽然很多人说 GraphQL 在 API 设计上是革命性的，但是它并没有改变已有的后端分层以及模块化的设计思想。也希望读者不要因为 GraphQL 只有一个查询入口，就代表着后端功能都一定要纠缠在一起。

至于"如何在 GraphQL 中做权限控制？""如何在 GraphQL 中使用缓存？""如何在 Graph QL 中使用 TwitterAPI？"等等这些问题，其实很简单，就是该怎么做还怎么做，和以前一样，或者说和做 RESTful 服务一样，不需要专门为 GraphQL 额外考虑。也可以说，不需要为了 GraphQL 把已有的所有后端实现代码都推倒重来，很大程度上是可以重新利用这

⊖ 甚至包括一些巨型互联网公司，如阿里巴巴的后端也出现了 Node.js 的身影。

些已有代码的。

例如，在图 4-1 中展示了一个真实的 GraphQL 后端服务的架构。从图中可以看，业务逻辑看似很复杂，但其实这些业务逻辑和 GraphQL 层的耦合程度并不大。把数据访问层/模块和 GraphQL 分开，这样如果我们有一天想使用 Redis 来代替 Memcached 服务，或者想把用户权限认证模块改写成微服务，那么其他模块以及客户端都不会受到影响，不必修改。一般地，开发者也会把用户身份认证从 GraphQL 层分割出来，作为请求预处理[⊖]的一部分。身份认证完成后，能够代表用户身份的唯一标识会被写入到用户请求的上下文中（context，或者简写为 ctx），供具体的数据 Loader 和权限控制模块使用。

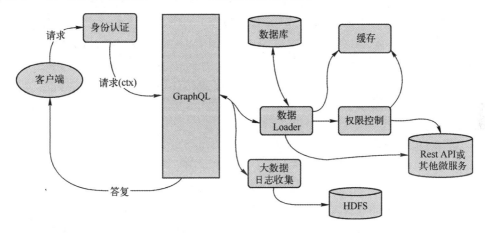

图 4-1　GraphQL 和其他层以及功能模块的关系

开发者当然可以把类似优化数据库查询这样的事情做在 GraphQL 层，不过除非有特殊的需求，这样做会降低系统的可扩展性和可维护性，从长远的眼光来看是得不偿失的。

让 GraphQL 和具体业务逻辑以及数据访问逻辑分开的另一个好处是，可以让已存在多年的 RESTful 和 RPC 等传统的 API 与 GraphQL 并存，而无须重写业务逻辑和数据访问逻辑的代码。这无疑是代码（legacycode）的福音。

Q&A　　　**什么是遗留代码？如何处理祖传代码？**

遗留代码就是系统中陈旧的、让人看不懂的、偏偏又在天天运行的代码。遗留代码当年的开发者可能已经不在公司，所代表的业务逻辑可能已经没人能懂。在多年被无数次修改后，补丁加补丁，可能 if 语句嵌套已经有七八层甚至更多，一个类可能已经有好几千行。这种突破人类可维护极限的代码，就是程序员深恨的遗留代码。

在绝大多数情况下，如果遗留代码功能正常，又没有太多新需求需要改动这部分代码，笔者推荐开发者保留这部分代码继续运行，而不是浪费精力时间重写。对遗留代码过于激进的大范围重写，很可能新的代码没有遗留代码那么"久经考验"，这就会引入新的问题，影响系统的稳定性。很多程序员可能都经历过遗留代码"动一处，修半年"的窘境，这时候使用 GraphQL 来把很多遗留代码和遗留功能模块包起来，以后再逐步更新，是个很好的选择。

⊖ 这部分预处理会在服务器端进行。

4.1.2 "门户"设计

GraphQL 是沟通内外的一层，一般来说，推荐把 GraphQL 挡在所有后端已知功能模块或者微服务、RESTful API 以及其他第三方 API 服务之前。也就是说 GraphQL 是整个后端最外面的一层，客户端的任何请求都通过 GraphQL 这个门户来和后端打交道。

这样做的好处是 GraphQL 成为阻隔的一层，让内部所有的"肮脏的角落"得以隐藏。这种设计也让客户端无须关心后端实现以及数据存储实现的细节，不用考虑数据是来自数据库还是微服务，在客户端看来，都是一样的数据。因为有这一层保护，在实际中，可以让 GraphQL 服务完全不间断，通过一些分布式系统节点管理的技术，让某个独立后台服务从服务 A 逐步升级替换到服务 B（对服务 A 的访问流量从 100%缓慢降到 0%，同时把服务 B 推上去），这个过程可以对用户完全透明，在用户感觉不到的情况下来做服务器端的升级。如果没有 GraphQL 这种阻隔的一层，客户端直接接在服务 B 上，这样的升级是很难做到的。

4.1.3 面向业务设计

GraphQL 这种隐藏了后端的实现和数据库的细节的设计方式，使开发者更加专注于面向业务逻辑之上的设计。比如说，前端工程师就无须关心这些数据具体是从哪里来的，或者说由谁来产生的，客户端只需要通过统一的接口来访问这些数据。同样是在前面图 4-1 中，把 RESTful API 和数据库获得的数据"杂糅"到一起返回给客户端，在客户端看来这些数据并没有区别，都是 GraphQL 结构化的且符合 schema 约束的数据结果。

全栈工程师要更加面向真实业务的数据关系来考虑 API 的设计。例如，要给微博这样的社交网站设计一个获取用户数据的 API，开发者就只考虑用户、用户的粉丝、用户关注的人以及他发的博文，至于这些数据是不是存储在一个数据库里，还是来自不同数据库，以及查询如何优化，开发者可在设计后端模块时再具体思考。这样前端调用这个 API 就会很便捷，一个 API 请求可以读取很多相关的数据。 一个反面极端是，有些全栈工程师要求自己要像 DBA 一样设计 API，恨不得每个客户端查询都能对应一个具体的 SQL 数据库查询，每一次数据请求都要考虑如何优化这个 SQL 查询，这样做没有必要而且浪费精力，还会造成前端查询与后端数据库具体实现耦合过紧。由于客户端的查询方式比较"善变"，经常要随需求更改，但是后端数据库模型是没那么容易随时快速更新的，这样难免又要让前端 API 设计向后端数据库设计妥协。于是这样做出来的 API 很可能会使客户端不好用，查询也得不到彻底的优化。

不在 GraphQL 这一层做优化，不代表不做，也不代表在设计 API 时完全不需要考虑，比如说某些微博用户可能有几千万个粉丝，那么设计 API 的时候就要考虑这一点，引入一些分页的策略，否则通过 API 请求读取用户数据的时候一下子返回该用户所有的粉丝，无论是后端服务还是网络传输都是承受不了的。如果采用分页，又该以何种分页的方式才能面对如此大量的数据呢？为了回答这些问题，在后面的章节还会再来讨论如何设计和实现这些具体的查询优化。

4.2 GraphQL 层的职责与实现

既然提倡把 GraphQL 作为单独的一层，那么这一层应该有哪些具体的职责呢？又该如何来实现 GraphQL 层呢？

4.2.1 GraphQL 层的职责

1．解析 Schema

一般在 GraphQL 服务启动时完成。

2．解析查询

需要知道每个查询要干什么，带有什么参数，获得并使用这些参数时需不需要转换参数的类型等。比如说 GraphQL 查询是一个大字符串，如果不使用查询变量的话，查询中的参数就是大字符串中的子串。如果遇到参数为数字的情况，就需要把子字符串转换为数字。

3．处理查询

为查询中的每一个操作、类型以及字段读取相应的数据。

4．生成结果

根据查询请求中的结构，生成对应的 JSON 结果。

4.2.2 GraphQL 层的实现

GraphQL 其实是作为一个规范（Specification）发布出来的，也就是说它只是一篇描述文档，开发者可以使用任何语言任何技术来实现 GraphQL 层。

无论用什么语言来实现 GraphQL 层，基本设计思想都是一致的。开发者都需要在服务器先定义 Schema。在 Schema 中，开发者既定义了查询 API 的形式，也定义了数据类型。但 Schema 并没有实现任何查询或者修改操作的实际功能。一般来说，要把查询和修改操作最终落实到真实的数据上，这也就是后端 GraphQL 开发要解决的问题。客户端发送一条符合 Schema 定义的查询到服务器端，归根结底还是要落实到实际的数据上。如何把死板的 Schema 和鲜活的真实数据联系到一起呢？在绝大多数 GraphQL 后端实现中，都是通过提供一套 Resolver 函数来解决这个问题的。

图 4-2 描述了 Schema 和 Resolver 函数的对应关系。左边是前面定义的电商网站 Schema，右边是一个复杂的 JavaScript 对象，里面包含了很多 JavaScript 函数，而这些函数，就是要讨论的 Resolver 函数。右边的复杂对象也被称为 Resolver Map。可以看到 Resolver Map 为 allProduct 和 product 两个查询操作提供了 allProduct(root, ignore, context)和 product(root, {id}, context)两个 Resolver 函数。同时，Resolver Map 也为两个修改操作 makeOrder 和 makeOrderV2 提供了对应的 Resolver 函数。最后，Resolver Map 还为产品 Product 这个类型提供了一个类型 Resolver（如何具体实现这些 Resolver，会在后面的章节中逐步介绍）。通俗地来说，开发者需要 GraphQL 解决什么问题，就提供一个具体的 Resolver 函数。

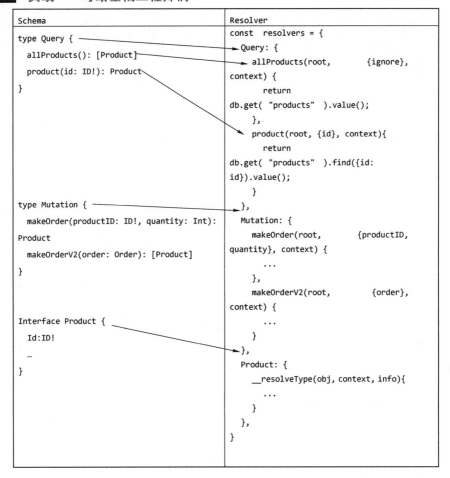

图 4-2　Schema 和 Resolver 以及数据的关系

这里的 Resolver 函数和普通 JavaScript 函数的区别有两点：

（1）要包在适当的结构中

这里的"适当"指的是，resolvers 这个对象的结构和 typeDef 的结构一致。typeDef 中有 Query，那么 resolvers 中也有 Query；typeDef 的 Query 中有 allproduct，那么 resolvers 中的 Query 中也有 hello，一一对应。这样才能让 GraphQL-Tools 能够把 typeDef 和 resolvers 绑定到一起。

（2）要接受固定的几个参数

这几个参数分别是：

● 父查询信息 root

因为 hello 这个查询操作已经是在所有查询操作的顶层，所以这个父查询信息就没有什么意义。后面会有其他例子来让读者更好地理解这个参数。

● 参数 {id}

product (id) 查询操作会接受一个参数 id，在操作的 Resolver 函数中，利用传进来的参数查询数据库，然后根据数据库返回的结果决定 Resolver 函数的输出。

● 上下文 context

上下文 context 主要是用来维护查询操作间可以共享的数据，如用户认证信息、数据库事务等。

● 其他信息

包括 Resolver 对应的字段名字、字段路径等信息，主要面对一些高阶开发者特殊的需要，一般的查询 Resolver 并不关心这些信息。这个参数也与开发者使用的具体框架有关，有兴趣的读者可以查阅自己使用的 GraphQL 后端框架文档。

值得注意的是，在比较新的 JavaScript 标准中，可以使用解构（destructuring）的方式来给变量赋值。

一个简单的例子：

```
let {username: u, password: p} = {username:"beinan", password:"abcd"}
```

赋值后，u 的值等于右边对象中 username 的值，也是就"beinan"，p 的值等于"abcd"。那么例子中的{username}又是怎么回事呢？它其实是{username:username}的缩写。也就是说，当字段名和变量名相同时，可以省去字段名：

```
let {username} = {username:"beinan", password: "abcd"}
```

复制后，username 的值为"beinan"。

为每一个操作都实现一个函数之后，可以通过前面导入进来的 makeExecutable Schema 来把定义好的 typeDef 和 resolvers 绑定到一起。这样客户端发送过来的 GraphQL 操作就都可以找到事先绑定好的 JavaScript 函数来处理了。代码如下：

```
const schema = makeExecutableSchema({typeDefs, resolvers});
module.exports = schema;
```
后端可执行的 GraphQL Schema 由类型定义和 Resolver 函数定义组成

在有了 GraphQL 后端实现的基本概念之后，继续实现前面的图书与红酒电商网站的项目。

4.2.3　Resolver 函数与分治策略

前面章节已经介绍过，GraphQL 的 Schema 中会定义操作、类型以及字段等，而每一个操作、类型和字段背后都会有一个 Resolver 去帮它操作数据。可以说 Resolver 是 GraphQL 层代码实现的核心，也是开发者所要面对的最主要的工作。

从前面的关系图中不难发现，GraphQL 框架使用类似算法中分治法的策略，从顶层查询开始，将查询任务不断拆解成更细小更具体的数据查询任务，直到用户名、电子信箱等一条条无法再细分的数据基本元素。而每一个查询任务都会有一个 Resolver 函数。

Q&A　　GraphQL 这种查询处理方式有什么好处和坏处？

好处：

方便整合不同数据源。

方便整合不同的业务逻辑。

方便整合大量的 I/O 操作。

坏处：

带来产生冗余数据查询访问的隐患。

可以把业务逻辑和 I/O 操作都通过 Resolver 函数来和 GraphQL 整合到一起。如果 GraphQL 的 Schema 比较复杂，那岂不是会有大量的 Resolver 函数需要管理？有没有现成的框架来做这些整合的工作呢？答案是有。下面就来介绍当下在开源社区非常受欢迎的 Apollo 框架。

4.3 Apollo GraphQL 后端框架

这一节主要来学习如何使用开源项目 Apollo GraphQL Server⊖快速搭建一个电商网站原型。Apollo GraphQL Server 基于 GraphQL 的 JavaScript 参考实现 GraphQL.js⊖，可以和 Express，Connect，Hapi，Koa 等很多主流 Node.js 框架整合。该框架经过了很完备的测试，并且能提供较高并发生产环境需要的性能指标。

4.3.1 依赖库的安装

本节以在 Node.js 中广泛使用的 Express 框架为例，介绍如何把 Apollo GraphQL Server 整合到后端项目中。

首先，安装 Apollo GraphQL Server 包：

```
yarn add apollo-server-express graphql-tools graphql express body-
parser
```

yarn 是 Node.js 新一代的包管理工具，可以提供更快的安装速度。如果读者还不习惯使用这个新工具，可以使用 npm install –save 来代替 yarn add。如果想安装到 Koa 框架可以使用 koa 替换上面命令中的 express，其他框架的安装方式类同。

安装好后，在服务的入口主文件里添加 GraphQL 和 GraphiQL 的访问入口：

```
const port = 8888 //定义端口

app.use(cors())  //允许跨域资源共享
//下面是 GraphQL 的查询入口                    ┌─────────────────────────────┐
                                              │ 传入 Schema（其中包括 Resolver）│
                                              └─────────────────────────────┘
app.use('/graphql', bodyParser.json(), graphqlExpress({ schema: root_
schema }));
//下面是 GraphiQL 的入口
app.use('/graphiql', graphiqlExpress({endpointURL: '/graphql'}));

app.listen(port, () => logger.info('Now browse to http://localhost:' +
port + '/graphiql'));
```

可以看到代码分别为 GraphQL 和 GraphiQL 定义了访问入口（或者叫 Endpoint）。定义好入

⊖ https://github.com/apollographql/apollo-server。

⊖ https://github.com/graphql/graphql-js。

口之后，还需要传入事先定义好的 Schema 和 Resolver 函数（即上面代码中的 root_schema）。

4.3.2 定义和解析 Schema

前文中讲过，GraphQL 服务会有一套预先定义好的 Schema。具体怎么定义呢？在 JavaScript 开发的后端服务中，一般采用 graphql-tools 这个工具包。

开发者可以简单地用如下代码定义：

```
const {makeExecutableSchema} = require('graphql-tools');
                                    导入 graphql-tools 中的 makeExecutableSchema

const typeDefs = [`
  type Query {
    hello(username: String!): String          定义 hello 查询
  }
  schema {
    query: Query,
  }
];
```

大家要注意，Schema 到现在为止并没有任何功能，只是个字符串而已。所以大家观察这个变量的命名，叫 typeDefs，指的是静态的类型定义，它还不是最终带有功能的 Schema。也就是说现在服务器端还是不知道如何处理 GraphQL 的操作，因为还没有使用导入进来的 makeExecutableSchema。怎么用呢？就需要把 typeDef 和具体的功能绑定到一起。

4.3.3 绑定处理查询操作函数

实现 GraphQL 的后端服务的第二步，就是要为每一个 GraphQL 操作都绑定一个处理函数——几乎所有 GraphQL 后端实现都把处理函数命名为 Resolver 函数。

设计一个最简单的操作 hello(username: String!)，客户端传进来一个用户名——比如说张三，服务器端返回一个字符串"Hello 张三"。

这个 hello 操作的后端实现如下：

```
const resolvers = {          Resolver 函数集合定义了如何处理查询以及返回结果
  Query: {
    hello(root, {username}, context) {
      return "Hello " + username;          hello 是一个 Resolve 函数，它定义了
    }                                      如何处理 hello 查询
  }
};
```

诗酒趁年华—返回商品的列表。

先来回顾一下两个查询操作的类型定义：

```
type Query {
  getAllProducts: [Product]
  getProduct(id: ID!): Product
}
```

GetAllProducts 返回所有商品的列表，getProduct 返回一个具体的商品。

返回一个列表操作很简单，只需要在 Resolver 函数中返回一个 JavaScript 数组。例如下面的例子中 product_data 是一个事先定义好的 JavaScript 数组：

```
const product_data = [          这就是一个普通的 JavaScript 数组，数组的每一个
  {                             元素都是一个商品的对象
    id: "10001",
    name: "Stag's Leap Wine",
    inStock: 60,
    isFreeShipping: true,
    year: 2004
  },
  {
    id: "10002",
    name: "A Brief History of Time",
    inStock: 3000,
    isbn: "0001"
  }
]
```

数组中保存图书和红酒两种数据，它们的区别是红酒有 year 字段，而图书会有 isbn 字段。在这个例子中并没有引入数据库，这样大家可以更好地关注 GraphQL 相关的内容。然后来看 resolvers：

```
const resolvers = {
  Query: {
    getAllProducts(root, ignore, context) {
      return product_data;
    },
    getProduct(root, {id}, context){
      return product_data.find(p => p.id == id);
    }
  }
}
```

需求　　**诗酒趁年华——下单第一版。**

先来看看最简单的下单：传入一个商品 ID 和购买数量，下单成功后返回更新了库存的产品信息：

```
const resolvers = {
  Query: {
    …

  },
  Mutation: {
    makeOrder(root, {productID, quantity}, context) {
      let product = product_data.find(p => p.id == productID);
      if(product)
        product.inStock -= quantity;
      return product;
    }
  }
}
```

> 如果找到了对应的商品，就在已有的库存中扣掉订单中所要购买的数量

这段代码的逻辑极为简单：就是寻找商品，如果找到了商品，更新商品库存，最后返回商品。

动动手：上面下单的代码并没有很好地处理各种出错的情况。如果下单出错了，例如库存不足怎么办？如何修改这段代码，让其可以更好地处理出错信息？

动动脑：如果两个用户同时对一种商品下单，会出现什么样的问题呢？

需求　　　**诗酒趁年华——下单第二版。**

下面来一起实现一个可以同时对多个商品下单的 Resolver 函数，也就是前面定义的 makeOrderV2 的实现：

```
const resolvers = {
  …
  Mutation: {
    …
    makeOrderV2(root, {order}, context) {
      return order.items.map (item => {
        let product = product_data.find(p => p.id == item.productID);
        if(product)
          product.inStock -= item.quantity;
        return product;
      });
    }
  }
}
```

> 用户下单操作可能会传入多个订单条目。需要一个循环来遍历所有的订单条目

上面这个 Resolver 函数的关键是使用了 map 来遍历所有订单条目，并生成对应每个订单条目的返回结果。

4.4 详解 Resolver 函数

Resolver 函数是 GraphQL 层后端实现的关键。这一节就来详细讨论 Resolver 函数实现的各种细节。

4.4.1 Resolver 的各种返回类型

GraphQL 的返回数据就是 Resover 函数的返回值。对于绝大多数 GraphQL 后端框架，都支持 Resolver 函数返回以下类型：

- 标量值

用于返回标量值的查询或修改操作，或者用于标量字段。比如 hello 查询操作。

- 对象

用于返回单一对象的查询或修改字段，或者用于对象字段。比如 product 查询。

- 数组

用于返回列表数据，比如 allProducts 查询操作。

- Promise

用于返回异步 I/O 操作的结果，后面会有例子。

- Null 或者 undefined

表明数据没有找到。

4.4.2 Resolve 一个类型

这个时候遇到了一个难题：商品列表中的数据对象是没有类型的，如何让 GraphQL 知道哪一条是红酒，哪一条又是图书呢？

可以实现一个下面这种类型的解决器，来决定每一条数据的类型。这个例子只是简单地通过记录中是否包含年份或者书号来判断每一条数据的类型。在真实应用场景中，开发者可以根据实际的业务逻辑来实现这个类型解决器。代码如下：

```
  Product: {                          ← 用这个函数来帮 Product 解决类型
    __resolveType(obj, context, info){
      if(obj.year){                   ← 如果这条数据中包含年份 year 数据，那么它就
        return 'Wine';                    是红酒类型。解决器返回 "Wine"
      }

      if(obj.isbn){                   ← 如果这条数据中包含书号 isbn 数据，那么它
        return 'Book';                    就是图书类型。解决器返回 "book"
      }

      return null;                    ← 如果什么类型都不是，返回 null
    }
  }
```

对于每一条商品数据，GraphQL 框架都会调用上面的解决器，根据解决器的返回值来填充返回数据中的 type 属性。

4.4.3 Resolve 一个复杂类型字段

 为产品增加一个卖家字段，不失通用性，就让卖家是一个普通用户。

还是先从 Schema 设计开始，为 Product 接口增加一个卖家字段 seller，seller 的类型是用户 User：

```
interface Product {
  ...
  seller: User
}
```

下面是用户类型的定义，读者可以在用户类型中自行加入想要的字段：

```
type User {
  id: ID!
  name: String!
  ...
}
```

前面章节讲过，在接口中定义的字段也要在继承该接口具体的类型中再来定义一遍。于是在图书和红酒类型中，也来加入 seller 字段：

```
type Book implements Product {
  ...
  seller: User,
  ...
}
type Wine implements Product {
  ...
  seller: User,
  ...
}
```

和产品中其他类型不同的是，用户是一个独立数据类型，实际往往有独立的存储结构和数据集（比如说 Sql 数据库中的表，MongoDB 中的 collection）。很少会把一个卖家用户的完整信息以内嵌的形式存储在产品数据里。一般把卖家用户信息存储在用户数据集中，而在产品中，只保存一个 ID 类型的字段，即卖家 ID: seller_id。

那么如何把卖家 ID 变成卖家信息返回给用户呢？

方法 1：在 product 和 allProduct 的 Resolver 函数中利用卖家 ID 来查询数据库，得到卖家信息再返回给客户端。请看如下代码：

```
    product(root, {id}, context){
      let product = db.get("products").find({id: id}).value();
      product.seller = db.get("users").find({id: product.seller_id}).
value();

      return product;

    }
```

从数据库中得到产品数据后，在其中获取卖家 ID（product.seller_id），并查询数据库中的用户 "User" 数据集，然后把得到的用户数据赋值给 product.seller。

有了上面对卖家数据的支持后，可以从客户端发送表 4-1 左列的查询，并得到表 4-1 右列的结果。

表 4-1 卖家数据查询与结果对照表

```query{ product(id: "10002"){ id name __typename seller { id name } } }```	```{ "data": { "product": { "id": "10002", "name": "A Brief History of Time", "__typename": "Book", "seller": { "id": "1", "name": "seller of A Brief History of Time" } } } }```

从表 4-1 可以看出，同一个查询中同时得到了产品和用户（卖家）两种数据。而且表 4-1 也充分体现出 GraphQL 查询-Resolver 函数-查询结果的一一对应关系。

动动手：修改 allProduct 使其同样支持卖家数据查询。

方法 1 的优点是简单直接，但也有下面两个缺点：

- 如果客户端发送过来的查询并不需要卖家数据，这个时候多做一次卖家的数据库查询很可能浪费了。这个缺点可以通过在 product 和 allProducts 两个查询中解析客户端发送请求的 AST，然后得知卖家数据是否为需要的，就可以针对性地决定是否查询卖家数据。但这样做，增加了实现的复杂度，有悖于本方法简单直接的特点。
- 如果有很多关于产品的查询操作，就需要为每个查询操作的 Resolver 函数增加查询卖家数据的代码，这增加了代码的重复度。

有没有一劳永逸的办法呢？

方法 2：使用字段 resolver：

```
    const resolvers = {
      Query: {...},
      ...
      Book:{
        seller(book) {
          return db.get("users").find({id: book.seller_id}).value();
        }
      },
```

```
Wine:{
  seller(wine) {
    return db.get("users").find({id: wine.seller_id}).value();
  }

}
};
```

GraphQL 框架会给每个字段 Resolver 传进一个父对象，也就是上面例子中的 book 和 wine。

方法 2 的优点是对于每一个需要解决类型的字段，只需要实现一次。缺点是，不能给接口类型中的字段提供字段 Resolver 函数，所以本例中，在图书和红酒这两个具体类型上都实现卖家这个字段的 Resolver 函数，造成类似的代码实现了两遍。有兴趣的读者可以试试在产品 Product 接口类型上实现卖家 Resolver 函数来看一看，在多数 GraphQL 后端框架中应该是不能正常工作的。

4.4.4 Resolve 一个标量字段

其实 GraphQL 中的每个字段，无论是标量类型还是复杂类型，都可以实现一个 Resolver 函数。一般来说，对于字符串这样的标量，可以直接把从数据库查询得到的值返回给客户端。那么什么时候需要给一个简单标量字段实现一个 Resolver 函数呢？作者从一些真实项目中搜集了以下几种情况：

 用户性别 Gender 字段是一个枚举型，有男 Male 和女 Female 两个枚举值。可数据库中存储的是 0 和 1 两个数字来代表男女两种性别。

先看 Schema 定义：

```
enum Gender {
  MALE
  FEMALE
}

type User {
  id: ID!
  name: String!
  gender: Gender
}
```

在这种情况下，如果数据库存储的性别是 MALE 或者 FEMALE 这样的字符串，就不需要为性别 Gender 字段提供 Resolver 函数。回到项目需求，在数据库中用数字 0 表示女 Female，用 1 表示男 Male。这时如果运行上一节中带有卖家信息的产品查询，得到卖家的性别信息会是：

```
"seller": {
```

```
  "id": "002",
  "name": "beinan",
  "gender": null
}
```

可以看到其他信息都是正常的，只有卖家性别 gender 一项变成了空 null。同时还会得到如下的错误信息：

```
"errors": [
  {
    "message": "Expected a value of type \"Gender\" but received: 1",
    "locations": [
      ...
    ],
    "path": [
      "allProducts",
      0,
      "seller",
      "gender"
    ]
  }
  ...
]
```

上面的错误信息表明 GraphQL 期望得到一个枚举类型 Gender 中允许的值，但是收到了一个数字 1，于是它出错了。大家也可以看到错误的路径 path 信息，清楚地表明，所有商品 allProduct 查询操作中的第 0 个（其实代表第一个，计数从 0 开始）结果中的卖家 seller 中的性别 gender 字段出错了。

为了改正这个枚举值造成的错误，为性别 gender 字段提供一个 resolver 函数，把 0 和 1 这两个数字的值映射到相应的枚举值：

```
User:{
  gender(user) {
    if(user.gender == 0)
      return "FEMALE";
    else if(user.gender == 1)
      return "MALE"
    else
      return null
  }
}
```

上面代码中如果数据库存储的数据是 0 和 1 之外的数值，就返回 null。

通过这个 gender 的 Resolver 函数，让 GraphQL 得到了它想要的枚举值，同时让数据库保留了用数字存储性别的高效设计。

这种通过 Resolver 函数来达到数据转换的做法，对很多老旧或者有损坏的数据也是非常有帮助的。作者曾经遇到一个项目，某个时间段的数据都被 bug 损坏了，造成用户数据中的用户名最后会多一个空格。但由于某些不可抗拒的原因，没法修复数据库里的用户数据。这时就可以在用户名的 Resolver 函数里处理这个特殊情况，去掉这个多余的空格。

4.4.5　Resolve 一个自定义标量字段

读者应该还记得前面提到过的自定义标量。可以用自定义标量在 Schema 中声明日期、Email 和 URL 等具有特定格式的数据。通过这些自定义标量类型，可以在后端根据字段的类型，进行特别的处理。

 为用户添加一个生日字段。

生日是一个日期型数据，日期型数据可以使用字符串形式表达，如符合 ISO 8601⊖标准的 2018-06-03T04:37:54Z，也可以是一个整数（很多编程语言里定义为长整型 long）。一般使用自 1970 年 1 月 1 日 0 点 0 分 0 秒（世界标准时间 UTC）到现在的毫秒数，例如作者写下这一句的时间是 1528005931204，这种整数的时间表达，称为 UNIX Epoch Time 或者 Epoch Time。

为了更好的可读性，给用户看的日期型数据往往是一个字符串。但在数据库中存储的日期型数据一般采用 Epoch Time。因为 Epoch Time 比较节省空间，如果使用长整型，只占用 64 位二进制，也就是 8B。也就是说在 GraphQL 这一层可以做一个数据转换，在客户端查询用户生日的时候，把 Epoch Time 转换成 1990/12/8 这样的形式⊖。

现在就来讨论如何实现这种自定义的日期字段。还是先修改 Schema 来自定义一个标量类型 Date，然后为用户 User 类型添加一个 birthday 字段：

```
scalar Date
type User {
  .....
  birthday: Date
}
```

对于这样一个标量，如果开发者不给它提供具体的 Resolver 实现的话，它就和普通的字符串类型没有什么不同，会把数据库里 birthday 字段存储的数据——一个形如 1528005931204 的长整数返回给客户端。

为了做到数据的处理和转换，要为 Date 这个自定义标量实现一个自定义的"解决办案"。看下面的代码：

```
const resolvers = {
  Query { ... },
  ...
```

⊖ 常用日期格式标准，详见 https://en.wikipedia.org/wiki/ISO_8601。

⊖ 开发者也可以在客户端或数据访问层完成这样的工作，不同的做法各有利弊。本书只是借用这个例子来讲解如何使用 GraphQL 的自定义类型进行数据的处理和转换。

```
Date: new GraphQLScalarType({
  name: 'Date',
  parseValue(value) {

    return new Date(value);
  },
  serialize(value) {
    return new Date(value).toLocaleDateString('en-US');
  },
  parseLiteral(ast) {
    switch (ast.kind) {
      case Kind.INT:
        return new Date(parseInt(ast.value))
      case Kind.STRINT:
        return new Date(ast.value)

    }
  }
})
}
```

在这个自定义的"解决方案"中，实现了三个函数，先来看 serialize (value)这个函数。GraphQL 层就是利用这个函数把从系统存储的数据序列化成字符串，然后返回给客户端。因为数据库中存储的是 Epoch Time，所以利用 JavaScript 的日期 Date 对象，把 Epoch Time 这个长整数转换成 JavaScript 的日期对象。然后再通过 toLocaleDateString 函数把日期对象转换成一个人类可读的字符串形式。再来查询带有生日的卖家信息的时候，就可以获得如下的结果：

```
"seller": {
  "name": "beinan",
  "birthday": "6/1/2018"
}
```

解决了服务器端到客户端的自定义标量数据传输后，再来看看从客户端发送自定义标量数据给服务器端的情况。还是使用前面定义的日期标量。

 Project 为下单提供一个送货日期的功能。让下单者可以指定一个能在家收快递的日子。

这时候就体现出在 GraphQL API 设计中使用输入类型的好处了，只需要在输入类型 Order 中加入送货日期字段 deliveryDate 即可：

```
input Order{
  items: [OrderItem]
  address: String
  deliveryDate: Date
}
```

读者应该还记得前面有关变量的介绍，客户端其实有两种发送下单请求的方式、一种是在 GraphQL 请求中直接内嵌（embed）各种数值；一种是使用变量。表 4-2 同时列出了两种查询，读者可以进行比较。使用内嵌和使用变量各有优劣，虽然一般来说更鼓励使用变量，但这两种形式都是目前广泛使用的查询方式，所以在后端的开发中都要支持。

表 4-2　使用内嵌和使用变量对照表

使 用 内 嵌	使 用 变 量
| ```
mutation{
  makeOrderV2(
    order:{
      items:[
        {
          productID:"10001",
          quantity: 1
        }
      ],
      address: "1355 Market St.",
      deliveryDate: "2018-06-05"
    }
  ) {
    id
    inStock
  }
}
``` | ```
mutation($order: Order){
  makeOrderV2(
    order:$order
) {
    id
    inStock
  }
}
```
```
{
  "order":
  {
    "items": [
      {
        "productID": "10001",
        "quantity": 1
      }
    ],
    "address": "1355 Market St ",
    "deliveryDate": "2018-06-05"
  }
}
``` |

对于这两种情况要分别处理，也就是下面的 parseValue 和 parseLiteral 两个函数：

```
Date: new GraphQLScalarType({
    name: 'Date',
    parseValue(value) {
      return new Date(value);
    },
    serialize(value) {
      return new Date(value).toLocaleDateString('en-US');
    },
    parseLiteral(ast) {
      switch (ast.kind) {
        case Kind.INT:
          return new Date(parseInt(ast.value))
        case Kind.STRINT:
          return new Date(ast.value)
      }
    }
  })
```

先来看比较简单的 parseValue 函数，这个函数用于处理使用变量来传递操作参数的情况。parseValue 函数的参数 value 就是客户端传进来的日期值，例如"2018-06-05"。在 JavaScript 中解析这样的字符串日期是很容易的，只需要调用 new Date(value)，就可以得到正确的日期对象。如果需要进一步处理，得到可以写入数据库的 Epoch Time，只需要在前面日期对象的基础上再调用 date.getTime()函数即可。

动动手：如果传入一个 Epoch Time 会怎么样？例如 deliveryDate: 1528005931204。

传入一个整数型的 Epoch Time，还是可以正确得到一个日期对象的，但是如果使用 deliveryDate: 1528005931204 传入一个字符串形式的 Epoch Time，服务器端在接到这个请求时，就会报 Invalid Date——非法日期的错误。

再来看 parseLiteral 这个函数，这个函数用于处理内嵌参数的情况。对于这种情况，GraphQL 会把操作请求字符串先解析成一个 AST，然后把日期字段对应的 AST 数据传递给 parseLiteral 函数。例如，如果在 GraphQL 操作请求中内嵌 deliveryDate: 1528005931204，会在 parseLiteral 函数得到下面的数据：

```
    { kind: 'IntValue', value: '1528005931204', loc: { start: 106, end:
107 } }
```

这里需要用 kind 的值来决定内嵌数据是个整数型还是字符串型的日期。要注意的是，使用 AST 得到的 value 总是一个字符串，因为这个 value 就是从操作请求字符串中"切"下来的。于是使用 parseInt 把字符串型转换成整数型，再初始化日期对象。

有兴趣的读者可以自己在代码中插入一些 console.log(ast)，来观察不同类型 AST 元素的值。

4.4.6 Resolve 一个列表

前面讨论过产品的卖家字段，卖家字段代表的是产品和用户一对一的关系，也就是说，对一个产品，只有一个卖家，这种情况是相对简单的，只要在产品中保存一个卖家 ID，然后通过数据库查询找到这个卖家即可。这种关系适用于需要通过产品找到卖家的情况。可如果需要通过卖家找到所有他销售的产品呢？那这就是一个一对多的关系了。

 实现卖家的销售产品列表。

还是先从 Schema 定义开始，为用户 User 类型添加产品列表字段 products：

```
type User {
  id: ID!
  name: String!
  gender: Gender
  products: [Product]
}
```

再来实现产品列表的 Resolver 函数：

```
User:{
  products(user) {
    return db.get("products").filter({seller_id: user.id}).value();
  }
}
```

上面 Resolver 函数通过父对象——用户 User 数据的用户 ID（User.id）去产品数据集 products 中查询所有卖家 ID 等于用户 ID 的数据。

但项目还没有完全结束，因为在一对多关系中，多的一方的数量可能只有两三个，也可能是几千、几万甚至几百万乃至几十亿个。所以，不能让带有这个字段的查询同时返回所有的结果，需要对这个字段加入分页的机制。

4.5　GraphQL 后端验证以及错误处理

前面讨论的都是服务器端正常处理请求并返回结果的情况，可对于一些出现错误的情况如何处理呢？

这些错误分为以下 3 种情况：

（1）用户输入了不合法的数据

比如说格式不对的 email 地址；购买产品时输入了小于零的购买数量。虽然这些错误可以在客户端验证，但是仍然需要在服务器端再校验一次，以免被一些恶意篡改的客户端发送不符合要求的信息或者网络传输出错。

（2）资源没有找到或不符合要求

比如说用户想要下单购买不存在的产品；或者下单的购买数量大于当前库存。

（3）服务器端代码运行出错

可能是开发者编写了错误的代码、系统资源不足、网络通信中断或超时等。

还可以把错误简单地分为两类：

（1）可控错误

开发者可以通过预先定义代码逻辑处理错误，并返回恰当的出错信息。例如，用户注册时出现了登录名已经被占用的情况，就要返回恰当的提示信息，指引用户更换其他用户名。

开发者一般视这些处理错误的逻辑为业务逻辑不可或缺的一部分。

（2）不可控错误

例如内存溢出（Out of Memory）、数据存储不可用（数据库宕机）等情况。

4.5.1　简单方式

开发者在 Resolver 函数或者其他适合的地方抛出 Error。比如说下单库存不足的例子：

```
    if(product.inStock < quantity)
      throw new Error("Product does not have sufficient stock to process
order")
```

有了上面这行代码，当下单数量大于库存 product.inStock，Resolver 函数就会中止运行，向上抛出一个 Error。在这种情况下，服务器端会返回给客户端如下的响应：

```
    {
      "data": {
        "makeOrderV2": null
```

```
    },
    "errors": [
     {
       "message": "Product does not have sufficient stock to process
order",
       "locations": [
        {
          "line": 2,
          "column": 3
        }
       ],
       "path": [
        "makeOrderV2"
       ]
     }
    ]
  }
```

在这种情况下，makeOrderV2 的正常返回值就没有了，变成了 null。但在 GraphQL 的响应中，增加了 Errors 字段，它其实是个列表，因为客户端发送给服务器端的请求可能包含多个操作。

那么怎么知道当前这个 Error 对应哪一个具体的操作呢？其实看 path 字段就可以知道操作的名字或者别名。客户端可以使用这些信息给用户生成更有意义的出错提示。

如果一个请求中包含两个下单操作，可能发生一个成功，一个失败的情况。这就要根据项目的具体需求，针对性地处理错误信息，返回给最终用户。

4.5.2　使用自定义标量类型进行验证

 用户的下单数和库存等数值不能小于零。

方法一：可以按照前面讨论过的做法，在 Resolver 函数或者其下游过程中检查下单数量等数值，如果其小于零，则向上抛出一个 Error。

这种做法的好处在于验证逻辑和其他业务逻辑可以放在一处，出现问题容易定位。但坏处是，如果系统中有很多地方都要使用这种数值的验证，同样的逻辑会重复出现在很多地方。

方法二：使用自定义标量。

首先，修改 Schema，自定义数量型标量 Quantity：

```
scalar Quantity
input OrderItem{
  productID: ID!,
  quantity: Quantity
}
```

在 resolvers 里加入对这个标量进行处理的代码，同样需要区分使用内嵌和使用变量两种情况：

```
const resolvers = {
  …
  Quantity: new GraphQLScalarType({
    name: 'Quantity',
    parseValue(value) {
      const quantity = parseInt(value);
      if(quantity > 0)
        return quantity;
      return undefined;
    },
    serialize(value) {
      return value > 0 ? value: null;
    },
    parseLiteral(ast) {
      if(ast.kind == Kind.INT){
        const quantity = parseInt(ast.value);
        if(quantity > 0)
          return quantity;
      }
      return undefined;
    }
  })
};
```

为不符合要求的数据返回 undefined，这个 undefined 可以让验证不通过。

如果输入了不符合要求的下单数量，如字符串或负数，就会得到如下的错误信息：

```
{
  "errors": [
    {
      "message": "Expected type Quantity, found -5.",

    }
  ]
}
```

这种验证方式会在所有查询操作执行前进行，如果任何一个数量型标量 Quantity 的值不符合要求，就会得到对应的出错信息。

动动手：请大家试试用返回 null 来取代返回 undefined，看看会发生什么样的情况。再试试使用抛出错误（throw new Error（"自定义错误信息"）），看看会发生什么。

会发现自定义的错误信息会出现在 GraphQL 返回给客户端的错误信息里。如果希望更具体的出错信息，可以尝试使用这种做法。

前面介绍的各种 Resolver 都是同步的，熟悉 Node.js 开发的读者肯定知道，在 Node.js 大多数后端框架中，最普遍采用的是异步 IO。那么如何和异步 IO 结合来编写 Resolver 呢？

4.6 异步 IO

对于绝大多数的互联网应用，当然也包括 GraphQL 服务，每个请求最耗时的部分是 IO 操作。具体地说，就是对于数据资源读取或者修改的操作。当服务器端响应客户端请求的时候，会通过 IO 操作读取资源，显而易见，应用服务要等待 IO 操作完成，才能返回客户端所需的数据。

> **Q&A**　**什么样的操作是 IO 操作？**

IO，也可以写作 Input/Output 或者 I/O，操作系统底层的广义 IO 操作可以说是包罗万象，这里很难穷尽各种各样的 IO 操作。在本书中，限定 IO 是 GraphQL 应用服务和外界打交道的窗口，这个外界局限在互联网应用中常见的磁盘访问；网络通信；以及数据库和缓存访问等。一般来说，本书的关注点都是一些相对比较耗时的 IO 操作，因为这些操作最容易给系统带来延时过高的问题。

在实际开发中，Resolver 往往也是需要通过 IO 操作到缓存和数据库中来读写数据。所以在讨论具体的 GraphQL 后端实现技术之前，先来讨论两个基础的 IO 操作方式，就是同步与异步。这也是全栈程序员绕不开的两个概念，用好这两种设计方式，是做好服务器端应用的第一步。处理 IO 操作是实现和优化 GraphQL 服务的关键。

4.6.1 基于异步非阻塞 IO 的 JavaScript 实现

对于移动互联网服务器端应用，难免存在大量耗时的 IO 操作。而 IO 操作又分为同步和异步、阻塞和非阻塞等不同的模式。简而言之，异步非阻塞 IO 就是指在 IO 操作进行的时候，IO 操作调用方（即应用服务），可以腾出手来干些别的事情，比如说处理别的请求。例如，在 Node.js 系统标准库中提供的每个 IO 方法都有一个异步非阻塞的实现。在下面例子中，用 Node.js 来读取一个文件，并处理读取的内容：

```
const fs = require('fs');
const data = fs.readFileSync('/data.txt'); // 同步阻塞实现，我们等在这里
process(data);
```

再来看一个同样是 Node.js 异步非阻塞 IO 的例子：

```
const fs = require('fs');
fs.readFile('/data.txt', (err, data) => { if (err) throw err;});
```

异步非阻塞 IO 是站在 IO 操作调用方——应用服务（GraphQL 服务）的角度来说的。很多读者可能已经看过很多异步非阻塞 IO 提高性能的文章，笔者想要澄清的是，这里的性能提升，也是针对应用服务器能同时处理多少请求来说的。因为如果站在处理 IO 的角度来说，其实并没有提高 IO 的性能，读取一个文件或者查询数据库，所用时间并没有变化。

那么非阻塞 IO 又是如何提高应用服务器的性能的呢？还是上面读取文件的例子，在非

阻塞实现中，由于读取文件的 IO 方法底层是用性能高很多的 C/C++等语言来实现的，Node.js 就把这些非 JavaScript 实现的功能放在一个叫 Event Loop⊖的地方，让它们并行执行，等它们运行好了，再让 Node.js 其进一步处理。而 Node.js 本身则是简单的单进程模式，任何 IO 操作一旦开始，就与主进程脱钩，不会阻塞 Node.js 主进程的运行，这让主进程可以处理新的请求，而不需要等老的请求完全完成。

而如果使用同步阻塞模式，任何一个 Node.js 主进程只能处理一个请求，等待这个请求的所有 IO 操作都完成后，才能处理下一个请求。如果遇到数据库或者磁盘访问延时的情况，所有进程就会全部阻塞，让整个应用服务器较长时间内不能接受新的请求，这种进程阻塞的情况在后端开发中需要极力避免。

可以看出，非阻塞 IO 可以非常有效地提高应用服务器的吞吐量。也正是基于异步非阻塞 IO 的优良特性，这种设计模式已经被业界广泛接受，在各主流后端语言中都有很好的实现。比如说基于 Node.js 的非阻塞 IO 实现，基于 Java 的 Netty 和 Vert.x，基于 Scala 的 Finatra/Finagle 框架（底层为 Netty），基于 PHP 的 Swoole 等。

4.6.2 同步还是异步

对于选择 GraphQL 服务的实现技术，不限定它一定要是同步的，或者是异步的。但是，如果有异步的操作，必须等待所有的异步操作都返回后（可以是成功，也可以是失败），才能把 GraphQL 的最终结果返回给用户。

小经验：不要在一个服务里混用同步和异步 IO，这会造成不必要的麻烦。

当然，对于绝大多数的 Node.js 后端应用，都是首选使用异步 IO（以免进程阻塞）从而得到更好的性能。

4.6.3 异步 Resolver

在 Node.js 的常见开发模式中，从文件、数据库或者其他 RESTful 服务中读取数据，都是采用异步的方式，一般这样的异步 IO 会提供一个基于回调函数的 API，就以前面看到过的异步读取文件的 API 为例：

```
const fs = require('fs');
const resolvers = {
Query: {
  readFile(root, {filename}, context) {
    fs.readFile(filename, (err, data) => {     //这里是回调函数
      if (err) throw err;
      return data;                             //我们这里有数据
    });
    return;                                    //我们这里没有任何数据
  }
```

⊖ Event Loop 的官方文档在 https://nodejs.org/en/docs/guides/event-loop-timers-and-nexttick/。

```
  }
};
```

在内层读取文件的回调函数里读取数据，可是在读取数据之前，外层的 Resolver 函数已经返回了，这样 GraphQL 不到任何数据。

那么如何把这种通过非阻塞异步 IO 获取数据的代码嵌入到 Resolver 中呢？

现在比较流行的做法是数据库访问或者调用其他 RESTful API 封装成一个 Promise。（其实现在不少数据库访问的库都已经提供支持返回 Promise 的模式了）

Q&A　　　什么是 Promise？

Promise 既是一种异步处理机制，也是一种数据模型。它所代表的意义是"你要的数据我现在可能还没有，但我只要不出错，等会儿一定会给你"。

可见 Promise 非常适合数据库访问等 IO 操作，因为对于数据库访问，开发者知道一条查询会得到什么类型的数据，但开发者不知道这个查询会是什么时候完成，会不会出错。

有了 Promise 之后，只需要在同步 resolver 需要用到异步 IO 返回的数据的时候，返回获取数据的 Promise 就好了。这样就用同步 resolver 结合 Promise 构成一个异步 resolver 函数。请看下面的代码：

```
const fs = require('fs');
const resolvers = {
  Query: {
    readFile(root, {filename}, context) {
      const callback = (err, data) => {    //这里是回调函数
        if (err) throw err;
        return data;                        //我们这里有数据
      });

      const promise = new Promise(          //把 readFile 封装成 Promise
        callback => fs.readFile(filename,callback));
      return promise;                       //resolver 中直接返回 Promise
    }
  }
};
```

4.7　使用 JavaScript 开发后端服务的问题

很多开发者都认同运行在 Node.js 上的服务器端 JavaScript 可以提供非常不错的开发体验，而且 GraphQL 在 JavaScript 语言上的生态链已经十分完整，多数时候开发者都不需要太关心基础框架建设，只要专心于业务逻辑的编码工作。这非常有利于开发者快速搭建 GraphQL 后端原型以及一些中小型的 Web 服务。

但是，后端可以选用的编程语言是非常多的，目前只有很少比例的后端项目采用服务器端 JavaScript。尤其对于很多大型项目，开发者往往会根据自己的项目特点来选择编程语言，而不会仅仅为了 GraphQL 就改变后端开发语言。

那么我们就在对 GraphQL 开发有了基本认识之后，专注于使用更主流的后端开发语言来实现 GraphQL 的后端服务。

具体采用哪种语言呢？后续章节中，将会主要针对 Go 语言 GraphQL 服务后端实现来进行具体的优化。这主要是因为 Go 语言后端优化的手段更具有代表性，而且这个语言也的确是国内外近几年来在后端的最大热点。就连 Node.js 的创始人 Ryan Dahl 也在 2017 年的一次访谈⊖中表示，他自己更愿意使用 Go 语言来进行大型分布式系统的后端开发。

另外，由于 GraphQL 在服务器端 JavaScript 的生态环境已经非常完善，后面介绍的很多优化步骤，都已经自动包含在 Apollo 和 Relay 这两个框架中，只需一些简单的配置就可轻松实现，读者只要参阅框架技术的文档就可以很容易掌握。所以笔者更愿意用生态还不完善的语言，和大家一起动手，来实现属于自己的高并发低延迟的服务，而且通过 Go 语言所传达的思想也更容易应用到 Java 等其他语言中去。

⊖ https://www.mappingthejourney.com/single-post/2017/08/31/episode-8-interview-with-ryan-dahl-creator-of-nodejs/。

第 5 章

基于 Go 语言协程的 GraphQL 服务

导读：本章主要解决的问题

- 如何搭建高并发的 GraphQL 后端服务？
- GraphQL 后端服务如何与现有的 Http 中间件整合？

如果要面对更大的访问压力，或者希望使用其他主流后端开发语言，比如说 Java、Go、Python、C#、PHP 等来实现 GraphQL 的后端服务需要注意些什么呢？本章就以当红的后端编程语言——Go 语言为例，看看 GraphQL 是怎样工作的。

与前面的以使用框架技术为主不同，在本章和接下来的章节里将会更关注底层实现细节。

阅读本章之前需要以下知识储备：

● Go 语言的基本语法，推荐使用 Go 语言官网 https://golang.org/进行学习。

● HTTP 的基本知识，至少了解 Url，Get 和 Post。

● GraphQL Schema 和请求的基本语法，建议先阅读本书前面章节。

本章的源代码在这里：

```
https://github.com/beinan/graphql-server
```

5.1 使用协程和上下文

后端服务实现好坏最重要的指标之一就是高并发能力。这一节就来讨论一下，如何使用近年来服务器端高并发的利器——协程来提高 GraphQL 服务的并发能力。

5.1.1 使用协程的原因

一句话解释为什么要使用协程：使用协程可以让开发者"简单"而且"便宜"地构建高并发服务。

看过前面章节 Node.js 的非阻塞 IO 之后，很多读者可能会想，这种大量引入回调函数和 Promise 的做法还是有些麻烦。直接给应用服务器创建很多进程/线程来并发处理请求不可以吗？其实是可以的。但是由于应用服务的进程/线程比较昂贵，会消耗很多系统资源，于是就有了协程的概念。协程可以用有限的应用服务进程/线程来模拟出大量的并发任务一起执行的效果。

Q&A   **进程、线程和协程有什么区别？**

进程有自己独享的堆和栈；

线程共享堆，但是有自己独享的栈；

协程同样是共享堆，有自己独享的栈；

进程和线程都由操作系统调度，一般来说调度的方法是抢占式的。协程是由自己来调度的。

可以说，协程和进程相比，因为协程共享了堆，可以极大地减少内存的占用；协程和线程相比，因为协程不由操作系统调度，减少了无谓的操作系统线程调度切换的成本（操作系统线程调度所带来的延时增加在很多高并发系统中会得到放大，造成严重的性能问题）。

需要注意的是，尽管协程非常轻量级，可以创建海量数目的协程，但这些协程并不是真的都在一起并行执行，正如前面所说，这种并行是协程间互相协作模拟出来的。

协程又是如何得到更好的性能的呢？其实对于计算密集型应用，协程带不来多少性能提升的。协程提升性能的根本原因还是在 IO 操作上。一般处理互联网服务的请求，会引入大量的 IO 操作，而这些 IO 操作很耗时，那么，在一个协程处理 IO 操作的时候，它就把运行的权力交出来，交给其他的协程。这和操作系统的进程/线程有根本的区别，就是协程不是抢占式的，它是遇到了 IO 操作，主动地交出运行的权利。但是如果一个协程一直在进行 CPU 密集型计算，而没有 IO 操作，那它可能就一直不会交出系统的控制权（这种情况也是可以解决或者说避免的，有兴趣的读者可以阅读新版本 Go 语言相关资料），这是在系统设计时候需要注意的问题。

和前面非阻塞 IO 相比，协程模式同样可以让应用服务器只用很少的操作系统进程/线程来减少内存的占用和进程切换的消耗。同时，协程带来一个额外的好处，就是在编写协程代码时，不需要使用异步回调这种实现方式，在后面的例子中可以看到，只需要"同步"地调用 IO 操作，就可以达到很好的高并发效果。

对于协程，本书采用了非常有代表性的实现，同时也是近年来实现后端服务器编程语言新一代当家花旦、Java 在后端开发中最有可能的接班人——Go 语言来进行讨论。当然有兴趣的读者也可以参考本章的设计思想，使用其他语言或者框架的类似实现，比如说 Kotlin 的 Coroutine 等来进行开发，设计思路是一样的。

5.1.2　协程和 GraphQL 服务

在 Go 语言的后端服务中，服务器端都会用一个独立的协程（如图 5-1 中的 Main）来处理客户端的每一个请求。但在处理请求的过程中，很有可能会异步调用其他下游服务。在这个调用的过程中，Go 语言的服务往往还会再启动新的协程来发送请求到下游服务并处理下游服务的返回。

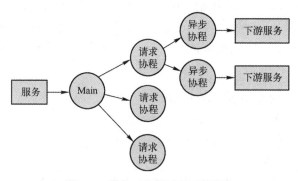

图 5-1　服务、协程以及下游服务

从图 5-1 中可以看出，对于同一个请求，可能会创建不止一个协程来服务这个请求。而每个协程又可能调用多个函数，这组成了一个十分复杂的树形结构。那么如果需要在服务一个请求的时候共享一些数据，又该如何处理呢？

5.1.3　上下文和作用域

在 Go 1.7 以后，Go 语言的标准库中添加了上下文——Context（也就是 Go 语言早期版本的 Net/Context）。对于一些在同一个请求中共享的数据，比如说用户的访问令牌 Token 和数据库的会话 Session 等可以方便地使用上下文来传递。上下文本身就是一个类似 Map 的键–值（Key–Value）存储，开发者可以把所需的数据对象通过预先约定好的 Key 存放在上下文里面。

那么上下文和全局 Map 有什么不同呢？图 5-2 描述了上下文和全局 Map 最大的不同，上下文在使用的时候会有一个作用域。对于 GraphQL 服务，开发者一般使用请求作用域--Request Scope 作为上下文作用域，即不同请求之间上下文数据不互通。只有这样，一个请求中的敏感信息，比如说访问令牌 Token 等才不会泄漏给其他的请求。

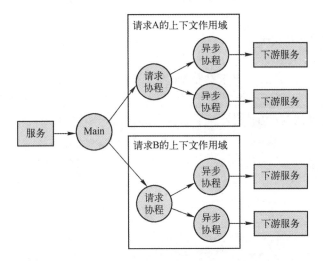

图 5-2   上下文作用域

使用上下文的其他注意要点是：

● 能通过正常函数调用参数传递的，还是通过参数传递。

● 当请求被取消和超时的情况发生时，可以利用上下文来协调这个请求产生的所有协程

● 上下文附加的数据会在不需要时被系统自动回收，所以开发者最好让协程尽快退出，这样系统可以及早释放资源给其他请求使用。

5.1.4　派生上下文

怎样才能做到请求之间的上下文不互通呢？对于每一个请求，可以使用 WithCancel，WithTimeout 和 WithValue 从已存在的上下文中派生出一个新的上下文，也就是派生上下文（Derived Context）。一个上下文可以派生出多个上下文，可以把这些上下文的关系想象成一个树形结构。

树形结构一定要有一个根节点，那么这个根节点从哪里来的呢？可以用下面这个 Background 函数得到一个新的空上下文，以此来作为上下文树的根节点：

```
func Background() Context
```
[脚注1]

如图 5-2 所示，一般在后端应用的入口——比如说 Main 或者 Init 函数中调用 Background 来产生这个根上下文，然后在 GraphQL 后端应用中，再通过这个根上下文为每个请求派生出派生上下文。

5.2 Go 语言的 Web 服务和中间件

有了协程和上下文这两个利器，这一节就来实际构建 GraphQL 的 Web 服务和中间件。

5.2.1 构建 Web 服务

了解了协程和上下文之后，再来看看 Go 语言的 Http 服务是什么样子的。Http 服务也可以称为 Web 服务，其实就是接收一个 Http 请求（Reqeust）返回一个 Http 响应（Response）。GraphQL 服务也不例外。下面就用几行代码来编写一个 Web 服务：

```
import (
  "net/http"          net/http 是 Go 的标准库，同时提供 Http 的服务器端和客户
)                     端，这里暂时只用到服务器端
var graphql_schema = ...   和 JavaScript 实现一模一样，也需要定义 Schema。这里还定义了一个
var logger = ...           Logger 用来记录日志
func main() {
  graphqlHandler := handler.HandleGraphQL(graphql_schema, logger)
  http.Handle("/query", graphqlHandler)       注册 HttpHandler 到服务器
  logger.Info(http.ListenAndServe(":8888", nil))
}                                         开启 Http 服务在 8888 端口
```

有了 Web 服务之后需要实现一个 HttpHandler 来处理 Http 的请求和产生 Http 响应。也就是上面代码中的 graphQLHandler——接收 GraphQL 的 Http 请求和产生 GraphQL 的 Http 响应。有的读者可能又要问了，如果很多人同时请求这个服务会怎么样？这是非常好的问题，也是为什么前面要先介绍协程的原因。http.ListenAndServe 函数会监听在某一个特定的端口（比如说上面例子中的 8888），当每一个新的请求进来时，它都会创建一个新的协程和一个新派生出来的上下文来服务这个请求。这个过程是自动的，开发者并不需要在代码中手动做任何事。所以说 Go 语言的 Http 服务的高并发能力是协程带来的，对 Go 语言的这种多路 Http 服务有兴趣的读者可以阅读 Go 语言关于 DefaultServeMux 的相关资料。

Go 语言的 Http 服务的基本模式是通过 Handle 函数注册一个路径模式（上面例子中的 "/query"）和一个 HttpHandler 到 Http 服务中，然后 Http 请求中的路径能够匹配注册的路径模式，Go 语言的 Http 服务就会使用注册的 HttpHandler 来处理这个请求。

那再来看看 GraphQL 的 HttpHandler 是长什么样子的：

```
type GraphQLHandler struct {
```

[脚注1] 参考：https://golang.org/pkg/context/。

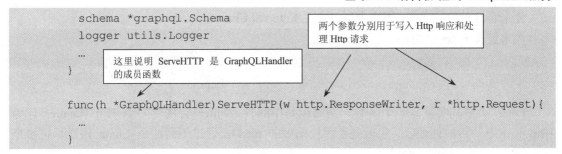

其实只要任意一个复杂类型，它提供了形如 ServeHTTP(w http.ResponseWriter,r *http.Request)的成员函数，它就是一个合法的 HttpHandler。

那么在这个 ServeHTTP 函数中，可以从请求（也就是 r *http.Request）中获得 GraphQL 的查询字符串，然后进行处理，再把得到的数据通过 w http.ResponseWriter 写入到 Http 的响应中。

 获取的 GraphQL 服务有严重的性能问题，请找到问题的所在。

在解决这个需求之前，先来介绍一种非常通用的 Web 服务模型——使用中间件 Midware 的服务模型。这种模型被各种语言广泛采用，比如说 J2EE 的 Servlet/Filter；PHP 的 Laravel 中间件，以及接下来要介绍的 Go 语言的 http.HandlerFunc。

5.2.2　Web 服务中间件

Http 中间件提供了一种方便的机制让开发者加入这些通用的功能来处理 Http 请求和 Http 响应。有些处理 Http 请求的功能是通用的，比如说抽取和验证用户的身份信息；同样地，也有些处理 Http 响应的功能是通用的，比如说在 Http 请求中读取一个访问令牌 Token 和在 Http 应答里写入一个 Cookie 等。由于 GraphQL 也是 Http 服务（Web 服务），所以它也适用中间件模型。如图 5-3 所示。

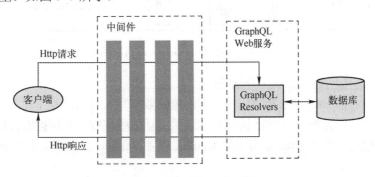

图 5-3　中间件与 Web 服务

在图 5-3 中，核心 Web 服务是 GraphQL，其连接所有的 Resolver 函数并承载绝大部分业务逻辑。在 GraphQL Web 服务和客户端之间加入了若干层的中间件，每一个中间件就像一个过滤器（Filter）来处理每一个 Http 请求和响应，所以这种结构也叫 Filter Chain（过滤器链表）。

先来看这种结构在 Go 语言中如何定义 Filter 和 Chain。

先来定义 Filter 类型:

```
import ("net/http") //导入 http 包
type Filter func(next http.Handler) http.Handler
```

Filter 类型其实就是一个函数,同时也是中间件。Filter 会接受一个 Http.Handler 作为 Http 请求下一步的处理者(也就是上面代码中的 next)。通过下面这个 Chain 函数,把多个 Filter 连到一起,变成一个链条:

```
func Chain(chain ...Filter) http.Handler {
  if len(chain) == 1 {
    return chain[0](nil)
  }
  rest := chain[1:] //去掉链表中第一个元素: chain[0]
  return chain[0](Chain(rest...))
}
```

Web 服务和中间件其实只是后端服务的基本组件(Component),下面就来介绍如何把这些基本组件有机地整合到一起,实现一个现实世界的 GraphQL 服务。

5.2.3 基于中间件的后端架构

先来看书中所介绍的 GraphQL 后端服务是如何利用中间件的。对于每一个 Http 请求,都会通过若干中间件的处理,才回到 GraphQL 服务的 Handler。如图 5-4 所示。

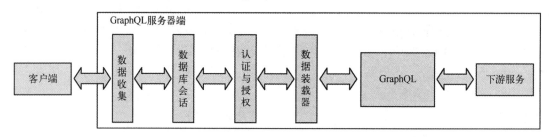

图 5-4 基于中间件的 GraphQL 后端框架图

在图 5-4 中,中间件主要职责分别是:

● 数据收集:把 Http 请求和响应中,有价值的数据写入日志以及发往大数据平台。
● 数据库会话:为每一个 Http 请求创建或从会话池中取得一个数据库会话。
● 认证与授权:通过 Http 请求中的 Cookie 或者 Session 在上下文中附加认证和授权的信息。
● 数据装载器(Data Loader):用于合并重复数据库查询,并整合缓存。

接下来就来介绍数据收集中间件和数据库会话中间件的具体实现。本书后面会有单独的两章来着重介绍如何处理认证和授权以及使用数据装载器来解决 GraphQL 发送重复数据查询的问题。

5.2.4　数据收集中间件

本节介绍一个最简单的数据收集中间件——访问延时数据收集。

 想知道到底是什么样的请求延时比较高。

这个需求是一个非常经典的中间件功能，因为所有的 Http 请求和响应都要通过中间件。下面就通过在中间件中的记录日志，来寻找有问题的请求（延时比较高的请求）。代码如下：

```
func LatencyStat(logger utils.Logger) Filter {
  return func(next http.Handler) http.Handler {
    return http.HandlerFunc(func(res http.ResponseWriter,req *http.Request){
      start := time.Now()
      next.ServeHTTP(res, req)
      logger.Debugw("Http request latency:","latency",time.Since(start),"url\
",req.URL.Path)
    })
  }
}
```

在中间件的实现中，可以在下一步处理之前做一些事情，然后在下一步处理完成之后再做一些事情。比如说上面的代码示例中，在下一步处理之前获得了当前的时间，在处理下一步请求完成后来计算下一步处理所需要的时间，并写入日志。

动动手：上面代码并不能很好地应对下一步处理中抛出异常（panic）的情况，该如何修改呢？

5.2.5　数据库会话中间件

中间件和 Resolver 函数之间需要共享数据库会话（Session）以获得数据一致性保证。这也是一个讨论如何在中间件之间共享对象的很好的例子。

 不同中间件之间需要共享数据库会话。

使用上下文共享数据库会话代码分为中间件实现和数据库会话初始化两部分。要在中间件中处理每一个 Http 请求，并为每一个 Http 请求初始化一个数据库会话，最后把数据库会话附加到上下文中。

下面是中间件的实现：

```
func DatabaseHandler(db database.DB, logger utils.Logger) Filter {
  return func(next http.Handler) http.Handler {
    return http.HandlerFunc(func(res http.ResponseWriter,req*http.Request){
```

```
        //创建数据库会话 Session，并把数据库会话 Session 附加到上下文
        ctx := db.Attach(req.Context())
        //在下一步完成之后关闭数据库会话 Session，注意这里是 defer
        defer db.Close(ctx)
        //在处理后面的中间件时，会使用刚刚新派生的上下文
        next.ServeHTTP(res, req.WithContext(ctx))
    })
  }
}
```

在创建数据库客户端的时候，会创建一个原始数据库会话。然后在每一个 Http 请求到来的时候，会从原始会话中"克隆"出一个新的会话，可以把这个新的会话理解为这个 Http 请求的专属会话。下面是初始化数据库会话和把会话附加到上下文的代码：

```
func (db *MongoDB) Attach(ctx context.Context) context.Context {
  //这里会重用数据库的 socket 连接

  session := db.session.Clone()
  session.SetMode(mgo.Monotonic, true)
  return context.WithValue(
    ctx,
    mongoDBSessionKey,
    session,
  )
}
```

这里使用单调（代码中的 Monotonic）一致性模型○。在数据库主从模式中，这种模型的好处是可以把读操作尽量分配到从数据库中，以降低主数据库的访问压力（需要注意的是此时可能读到陈旧数据，因为可能有更新还没来得及从主数据库扩散到从数据库）。当写操作发生时，它又会自动切换到主数据库，并在后续的读操作中使用主数据库获得更新的数据。在同一次会话中，可以保证后面读到的数据会比前面读到的数据新，从而不会带来混乱。这是一种比较弱的一致性保证，但非常适合一般的互联网开发。

这种 Monotonic 一致性的模型也很适合 GraphQL 的处理，因为在一次请求中加入很多操作，比较容易出现大量只读操作发生在修改操作之前。这样就减轻了主数据库的读压力。

通过使用中间件来处理数据库会话等功能，可以获得以下的好处：

● 方便重用通用功能的代码，甚至有些给 RESTful API 的实现代码，也可以直接用到 GraphQL 的实现中来。

● 通用的功能可以尽量和核心 GraphQL 服务解耦，由于 GraphQL 往往会承载很多快速变化的业务模型，那么像数据库会话这样很少改动的通用功能代码与 GraphQL 层解耦，业务模型的变化就不会牵扯到数据库会话等通用代码，这样可以获得更好的可维护性。

○ 其他好用的一致性模型可以参考 http://godoc.org/labix.org/v2/mgo#Session.SetMode。

5.3 GraphQL Http 请求的处理

 发现当把很多个 **Query** 查询拼在一起的时候，服务的延迟就会很高，请优化。

5.3.1 GraphQL 请求的解析

GraphQL 的服务器端可能需要支持 Get 和 Post 两种请求。

在发送 GET 请求的时候，把 GraphQL 的查询字符串通过 Url 中的 query 参数传递给服务器端。

例如

发送下面这个请求给服务器（把 yourdomain.name 替换成你自己的 GraphQL 服务器域名）：

```
http://yourdoamin.name/graphql?query={allProduct{id}}
```

这个请求就会让 GraphQL 的服务器端执行 allproduct{id}这个查询操作。

所以在后端实现中，可以解析 query 参数的值，然后来执行这个查询。

再来看一下 Post 查询的样子，会稍微复杂一些。

通常，一个 GraphQL 的 Post 请求的 content-type 是 application/json ，也就是使用 JSON 来表达 GraphQL 查询。一般地，会遵循如下的结构：

```
{
  "query": "...",
  "operationName": "...",
  "variables": {"myVariable": "someValue", ... }
}
```

operationName 和 variables 不是必填项，可以省略。虽然说 operationName 看起来并没有什么实际的用处，用户可以随意指定，但是对于后端来说，可以把 operationName 打印到日志中，这样一个有意义且命名良好的 operationName 可以更好地 debug 后端服务。后面章节还会介绍大数据的数据收集相关的内容，这个 operationName 也能起到相当重要的作用。

为了避免一些安全问题，除非有特殊的需求，建议大家在 GraphQL 后端对 Mutation 禁用 Get 请求，只开放接受 Post 请求。

Q&A **为什么说在 Get 操作中做更新数据的操作是有害的？**

比如说有一个 Get 操作可以修改服务器端的数据，大到银行转账，小到给某个人点个赞。我们可以在服务器端控制这些操作的访问权限，只有登录后的用户才能操作。这看起来很安全，是不是？

但是黑客可能把这样一个 Get 链接用 t.cn 或者 bit.ly 这样的短 Url 服务封装成另一个样子，然后放到微博等社交媒体中骗取合法用户来点击。如果这个用户此时已经登录了网站，再点击这个链接，无疑就等于带着自己的身份验证信息，执行了数据修改操作。如果这个操作是银行转账,那用户就可能遭受到很大的经济损失。

再来看 Go 语言解析 GraphQL Http 请求的代码:

```go
func (h *GraphQLHandler)ServeHTTP(w http.ResponseWriter,r*http.Request) {
  var params struct {
    Query        string                `json:"query"`
    OperationName string                `json:"operationName"`
    Variables    map[string]interface{} `json:"variables"`
  }
```

> 这里定义了 Http 请求中 JSON 数据的结构

```go
  if err := json.NewDecoder(r.Body).Decode(&params); err != nil {
    http.Error(w, err.Error(), http.StatusBadRequest)
    return
  }
  …
}
```

> 这里来解析请求中的数据——在 r.Body 中的数据为 JSON 格式

上面的代码如果解析 JSON 数据成功,就会用 Http 请求中所携带的数据来填充 params。有了这个数据之后,就可以准备执行 GraphQL 的查询了。

5.3.2 执行 GraphQL 查询和准备结果

GraphQL 查询主要是把 Resolver 函数返回的结果转化成 JSON 格式,还是在上一小节例子的同一个函数中:

```go
func (h *GraphQLHandler)ServeHTTP(w http.ResponseWriter,r *http.Request){
  … //这里解析 Http 请求
```

> 执行查询,并等到返回结果

```go
  response := h.schema.Exec(r.Context(), params.Query, params.OperationName,
params.Variables)
  responseJSON, err := json.Marshal(response)
```

> 把返回结果转换成 JSON 格式

```go
  … //省略错误处理等代码
  w.Header().Set("Access-Control-Allow-Origin", "*")
  w.Header().Set("Content-Type", "application/json")
  w.Write(responseJSON)
}
```

> 把 JSON 数据写入 Http 响应中

和 Node.js 非常相像,在 Go 语言的实现中,也是根据 Schema 来执行查询。那么 Schema 对象又是如何初始化或者说得到的呢?请看下面的代码:

```go
var db = mongodb.NewDB(…)
```

> 初始化数据库客户端,稍后注入到 Resolver 中

```go
var graphql_schema *graphql.Schema = graphql.MustParseSchema(
  schema.Schema,
  &resolver.Resolver{db},
)
```

> 需要同时提供 Schema 和 Resolver

通过 github.com/graph-gophers/graphql-go 这个开源项目来解析 Schema。Schema 可以使用字符串定义，笔者从一个真实项目中截取了一小部分 Schema 的定义，可以看出，这些定义和在 Node.js 下的完全一样，因为它们都是符合 GraphQL 规范的，代码如下：

```
var Schema = `
…
type User {
  id: ID!
  name: String!
  gender: Gender
}
input AuthInput {
  id: ID!
  password: String!
}

type Query {
  getUser(id: ID!): User
}
type Mutation {
  signUp(input: AuthInput!): User
  signIn(input: AuthInput!): String!
}
schema {
  query: Query
  mutation: Mutation
}
```

Go 语言的 GraphQL 框架也和 Node.js 下的 Apollo 框架十分相似，也需要定义一整套 Resolver 函数来实际处理查询，或者说把 GraphQL 和真实业务逻辑以及 IO 访问连接到一起。代码如下：

```
//resolver type
type Resolver struct{
  DB database.DB
}

func (r *Resolver) GetUser(ctx context.Context, args *struct {
  Id graphql.ID
}) (*userResolver, error) {
  user,err := loader.LoadUser(ctx, string(args.Id))
  if err != nil {
    return nil, err
  }
  return &userResolver{user}, nil
}
```

```
type userResolver struct {
  user *model.User
}
func (r *userResolver) ID() graphql.ID {
  return r.user.Id
}
func (r *userResolver) Name() string {
  return r.user.Name
}
func (r *userResolver) Gender() *string {
  return &r.user.Gender
}
```

只需要让 Resolver 和 Schema 的定义一一对应，那么 GraphQL 服务在收到请求时，就可以调用相应的 Resolver 来为客户端提供数据。各 Resolver 函数可以使用协程来并行执行以提高效率。

5.3.3 合理使用 Http 请求上下文

利用上下文可以帮助我们在 http.Handler 类型和 Resolver 函数之间共享或者说交换数据。比如说如何把用户登录信息等在 Http 请求作用域里的数据传递给 Resolver 呢？就可以用上下文。从前面的代码示例中看到，每一个 Resolver 函数的第一个参数都是一个上下文对象（ctx），这有助于在 Resolver 函数中得到我们需要的用户权限和数据库会话等共享数据对象。

但有的开发者提出这很容易造成上下文的滥用，那么上下文里到底适合放什么呢？

其实并没有明确的标准。本书建议开发者考虑数据对象的生命周期。比如说，有的架构师建议数据库连接就不适合放在上下文里，除非项目中要求每次 GraphQL 请求都产生一个新的数据库连接。一般来说数据库连接应该池化，然后所有请求来共享，也就是说数据库连接的生命周期要长于 Http 请求的生命周期。再比如说，每一个请求可以有一个自己的数据库会话（Session），数据库会话的生命周期往往等于 Http 请求的生命周期，那么这个数据库会话就比较适合放在上下文中。

另外，在 GraphQL 中，一些需要在请求作用域共享的中间结果就比较适合放在上下文中，因为这些中间结果的生命周期一般会小于 Http 请求的生命周期。后面会有章节专门介绍通过上下文来使用 DataLoader 优化后端查询的例子。

当然，不同的系统架构师都会有不同的想法，有些人就极不喜欢使用上下文。因为上下文中的数据都没有类型，而且使用中很难预知值是否存在，或者值变化成什么，这给调试和维护都增大了难度。但也要看到使用上下文的方便之处，这需要找到一个平衡点，不能不用，也不能滥用。

5.4 使用 Go 语言的 GraphQL 后端是否会有性能问题

在一些线下的交流会中，作者发现有不少开发者会有种错误的认识，就是只要编程语言和框架技术使用得当，做出来的系统就不会有性能问题。其实框架技术的作用是让开发者可以专注于业务逻辑，而不需要考虑太多系统底层的实现。随着时代的发展，现有框架技术一般都经过非常好的优化，已经很少有框架本身会存在严重的性能问题。

其实，性能瓶颈往往来自具体功能的实现，或者来自业务逻辑的设计和实现。比如这一章所介绍的两种编程语言——JavaScript 和 Go 来分别实现了电商网站 GraphQL 服务，它们都是非常成熟的语言，项目中采用的也都是比较成熟的技术框架，但是在不同的应用场景、业务逻辑和数据库结合下，比如说大量的用户对同一商品高并发下单（如近年来常见的双十一商品抢单），它们可能都会遇到各种各样的性能问题。而且这些性能问题的根源并不在于使用了 GraphQL，即便开发者使用的是 RESTful API，也有可能遇到类似的问题。因此需要具体案例具体分析，优化系统的每一个环节，而不是怨天尤人。如果把此类的问题都归结到某种技术或者编程语言上，从此认为某种技术或者语言就是个"垃圾"，这就有点因噎废食了。

另外，在 GraphQL 的系统设计中，最让人担心的莫过于 Resolver 函数是分别独立执行的，这可能会产生额外的数据库查询。其实额外的数据库查询未必会带来性能问题，而且额外的数据库查询可以通过一些技术手段避免，这些会在后面的章节里具体讨论。

第 6 章

实体数据持久化建模与实现

导读：本章主要解决的问题

- 如何访问数据库或其他数据源中类似用户和商品这样的数据实体？
- 如何通过一些简单的数据关系访问数据，比如说作者找到他发过的帖子？

GraphQL 服务如果没有数据，就如同无源之水、无本之木一般不能提供真正的服务。数据怎么来呢？一般通过数据库访问层或者叫数据持久化层，来访问数据库而得到数据。这一章会从 Resolve 函数继续向后深入，了解数据持久化建模和实现。

6.1 基于 ID 的数据库访问层设计

先来设计最简单的数据库访问层，即通过 ID 来访问数据实体。一个具体的例子就是客户端发送一个用户的 ID，服务器端返回这个用户的数据。后面的章节会对这个简单的数据库访问层设计进行不断扩展。

6.1.1 系统和 API 设计

图 6-1 描述的是常见的数据库访问层的系统设计。数据库访问层提供数据读写（即图中 Data Reader 和 Data Writer）的基本功能，同时负责通过数据库客户端来链接数据库。开发者很多时候还会在数据库访问层使用缓存和 ID 生成器等功能。从这个基本设计来看，GraphQL 的数据库访问层和传统的 RESTful API 的数据库访问层并没有十分明显的区别，后面会针对 GraphQL 的特点对其进行优化。

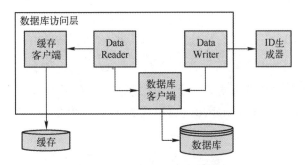

图 6-1　数据库访问层系统设计图

这里提供一个最简单的 DataReader 和 DataWriter 的接口设计，读者可以根据自己的需要，在 DataReader 和 DataWriter 这两个接口中添加数据访问方法。但现在，先关注只通过 ID 来读写数据的情况。代码如下所示：

```
type DataReader interface {
  GetEnitytByID(context.Context, EntityType, ID, *interface{}) error
  GetEntitiesByIDs(context.Context,EntityType,[]ID,*[]interface{})error
}
type DataWriter interface {
  AddEntity(context.Context, EntityType, interface{}) error
  UpdateEntity(context.Context,EntityType,interface{})(interface{},error)
}
```

在上面的接口定义中，EntityType 参数指定了数据实体的种类，比如用户 User 或者商品

Product。ID 代表用户 User 或商品 Product 的唯一标识值；[]ID 代表一个 ID 的数组，也就是一次传入多个 ID；*interface{}是一个指向数据实体对象的指针，用来存储数据库查询返回的结果。

这里的数据结构在 Go 语言中既可以是一个弱类型的 Map，也可以是个强类型的 struct。开发者一般认为强类型的数据类型更有利于项目的长期维护。所以这里给出一个用户数据强类型 struct 的简单例子：

```
type User struct {
    Id     graphql.ID `bson:"_id"` //bson 定义给 MongoDB 使用
    Name   string
    Gender string
}
```

简单起见，仅为用户提供三个可用字段，即 Id、姓名 Name 和性别 Gender。

读者可以发现，其实不管是对何种数据库，这一套数据库访问层的接口基本都是一致的。

6.1.2　实现数据读取

比如说 SQL 数据库，可以用以下查询来实现 GetEntityByID 和 GetEntityByIDs：

```
Select * from EntityType where ID="001"
Select * from EntityType where ID in ("001", "002", "003")
```

为了提高查询效率和减轻数据库的访问压力，在访问数据库之前，可以通过 ID 先去查询缓存，如果是使用 Memcached，可以简单地通过缓存客户端向 Memcached 发送命令：

```
GET 001
```

如果命中即可返回缓存中用户 001 的数据，而无须查询速度相对较慢的数据库。绝大多数的 Memcached 客户端同时也提供通过 ID 数组批量获取数据的方法，开发者可以根据自己的后端实现语言查阅具体的文档进一步学习。

有了从数据库或者缓存中得到的真实数据，就可以在 Resolver 中使用如下的代码来获得 GraphQL 层喜闻乐见的用户数据。具体过程分为四步。

1）构建内存对象，用于存储结果。

2）读取数据库，并填充内存对象。

3）错误处理。

4）返回结果。

```
func (r *Resolver) GetUser(ctx context.Context, args *struct {
    Id graphql.ID
}) (*userResolver, error) {
    //使用前面定义的 User 类型来构建一个空的用户数据，用于接纳数据库返回的结果
```

```
user := &User{}
//读取数据库并把结果填充到刚刚创建的用户数据对象中
err:=store.MongoStore.GetEnitytByID(ctx,store.UserType,store.ID(args.Id),user)
if err != nil {
//如果有错误,就返回错误信息
  return nil, err
}
//如果没有错误,就返回查询结果
return &userResolver{user}, nil
}
```

6.1.3　实现数据写入

实现数据写入可以分为三步。

1)生成 ID。

2)构建内存对象。

3)写入数据库。

具体过程看下面的代码:

```
//生成唯一 ID
strUserID := strconv.FormatInt(fastid.GenInt64ID(), 16)
//构建数据对象
user := &User{
  Id:     graphql.ID(strUserID),
  Name:   args.Input.LoginName,
  Gender: "MALE",
}
//向数据库中写入数据对象
err = store.MongoStore.AddEntity(ctx, store.UserType, user)
```

在本书配套的 GraphQL 后端代码库中提供了 MongoDB 的全套数据库访问层的 Go 语言
实现。

6.2　使用 ID 访问数据的好处

和 RESTful API 一样,GraphQL 也非常提倡通过 ID 来访问数据。使用 ID 来访问数据可
以获得以下优点。

6.2.1　利于数据库查询性能优化

对于绝大多数数据库而言,不管是关系型数据库还是 NoSQL 数据库,还是最近十分流
行的 New SQL 数据库,都是默认对主键 ID 进行索引的。而且很多数据库会对主键 ID 使用

效率更高的聚簇索引（clustered index），这就使得通过 ID 来查询数据非常高效。

6.2.2　利于分片

对于大型互联网应用，不管是缓存还是数据库，当数据量不断增长的时候，单独一个节点就不再能承受数据量和访问量的双重压力，这时就需要对数据进行分片（Sharding）。最常见的分片方式就是通过数据 ID 的哈希值或者范围（range），把数据发送到对应的数据节点上。这种分片方式，只有通过 ID 来访问数据实体，才能最容易地知道该数据具体在哪一个数据节点上，然后只需要去访问存有数据的节点就可以得到查询的结果。如果用 ID 以外的字段来查询数据，那很可能会因为不知道数据具体在哪一个节点上，而需要找遍所有的数据节点，才能返回正确的结果。

6.2.3　利于和缓存结合

使用 ID 的数据访问策略可以很好地和缓存结合。因为缓存的设计结构相对简单，往往不支持条件查询。比如现在使用最广泛的缓存技术 Memcached 就仅支持使用 ID 来操作数据。对于其他一些支持条件查询的分布式缓存技术，比如 Redis，虽然提供了若干查询的功能，但具体效果也要打折扣，往往会产生额外的开销，或者有一些局限性。

不仅如此，Apollo 等 GraphQL 前端框架也提供了基于 ID 的客户端缓存方案，使用 ID 来访问数据可以让前端开发更容易。

6.2.4　防止重复读取同一资源

GraphQL 不过量提取数据，因为从后端提取数据需要资源。所以如果客户端不需要这种数据，就不去读取它。例如，如果客户端不需要好友列表，就不用去调用产生好友列表这部分的代码。

当然，原则上也不重复读取数据，比如一个查询中的两个操作都要读取用户 9527，也要尽量做到只读取用户 9527 一次。在这种前提下，显然使用 ID 查询要比使用组合条件查询更容易处理重复的情况。再比如有两个查询，一个是 id 等于 9527，另一个是 id 在列表 [1234,9527,4567]中，很容易地发现9527重复了，可以合并这两个查询。

6.2.5　利于 Resolver 函数实现

要想快速开发 GraphQL 服务，快速实现 Resolver 函数就显得非常重要。因为 GraphQL 的后端开发中，主要任务就是实现这些 Resolver 函数。至于具体如何让实现 Resolver 函数变得更方便，读者可以在前面章节中的 JavaScript 和 Go 语言的实现，以及后面章节介绍的 DataLoader 的实现中自己来感受这个好处。

了解了这些优点之后，以下是本书的两条开发者建议：

（1）为每个数据类型都建立一个非空且唯一的 ID 字段。

（2）在可以通过 ID 访问数据的时候，优先采用 ID 来访问数据。

6.3 建立基于 ID 的抽象 Schema 数据类型

这一节再回来讨论 GraphQL Schema 的设计问题。既然每种数据类型都设置了一个非空的 ID 类型，是否可以把这部分定义在 GraphQL 的 Schema 中抽象出来，使前后端代码具有更好的重复利用性和可维护性呢？

6.3.1 Relay 的 Schema 设计方案

先来看看 Relay 的官方文档⊖是怎么要求的。Relay 要求每个数据类型来继承下面这个接口 Node：

```
interface Node {
  id: ID!
} //注意这里 ID 字段要求非空
```

有了这个接口，只要每个可以被外部直接用来查询的数据类型都继承上面这个 Node 接口，就可以保证所有的数据类型都会有一个非空的 ID 字段。例如用户 User 和商品 Product 这两个数据类型：

```
type User : Node {
  id: ID!
  name: String
  …//此处省略 User 的其他字段
}
type Product : Node {
  id: ID!
  name: String
  …//此处省略 Product 的其他字段
}
```

6.3.2 Relay 的 GraphQL 查询设计

其实对用户及商品数据类型本身的定义并没有任何改变。但有了这样的定义，就可以实现一个非常通用的查询操作：

```
type Query {
  node(id: ID!): Node
}
```

⊖ Relay 官方文档：https://facebook.github.io/relay/docs/en/graphql-server-specification.html。

当需要从服务器读取用户或者商品的时候，只需要通过一个唯一的 ID：

```
query {
  node(id: "1234567890") {
    id
    ... on User { name }
  }
}
```

需要注意的是，对于所有种类的数据，都需要一个全局唯一的 ID，互相不能冲突。即用户 User 和商品 Product 尽管是不同种类的数据，但它们的 ID 也不能重复，不能同时存在 User ID 001，和 Product ID 001。

如何生成这种全局唯一的 ID 呢？有些读者可能会想可以做一个全局的计数器，这的确是在分布式系统早期开发中普遍采用的设计，比如早期 MySQL 非常流行的自增长 ID。但本书第 1 章中就提过，分布式系统可能会有成千上万的服务器，如何让这些服务器共同操作使用一个全局的计数器，又不会产生性能的瓶颈，这其实是个难题。

6.4　分布式 ID 生成算法

分布式 ID 生成算法的关键在于每台 ID 生成服务器可以独立生成自己的 ID 序列。每台服务器不需要和其他服务器通信，就可以生成唯一的 ID。而且这些 ID 还能够符合创建的时间顺序（K-Ordered）。

在众多的分布式 ID 生成算法中，本书着重介绍 Twitter 公司开源的 Snowflake ID 算法。

6.4.1　Snowflake ID

Snowflake ID 是 Twitter 研发并广泛使用的 ID 生成算法，它可以轻松满足每秒钟数以十万计的唯一 ID 生成需求。

Snowflake ID 的主要特点是：
- 64 位长整型 ID。
- K-Ordered。
- 分布式。

因为 Twitter 后来为 Snowflake ID 算法做了很多更适合自身应用的改良，所以已经不再适合大多数开源社区的使用者。于是本书作者根据其基本原理，用 Go 语言重新实现了 Snowflake ID 的生成算法，制作并发布了全新的开源项目 Fast ID[⊖]，供社区自由使用。

6.4.2　Fast ID 的安装和代码示例

通过 Go 语言自带的安装依赖包把 FastID 添加到我们自己的后端项目中：

⊖ FastID 开源项目 https://github.com/beinan/fastid。

```
go get github.com/beinan/fastid
```

下面是一个简短的代码示例：

```
import (
  "fmt"
  "github.com/beinan/fastid"
)

func ExampleGenInt64ID() {
  id := fastid.CommonConfig.GenInt64ID()
  fmt.Printf("id generated: %v", id)
}
```

6.4.3 推荐设置

上面例子中使用了 Fast ID 项目推荐设置，在 64 位的长整型 ID 中（从左至右）：

- 第 0 位保留（此为最高位，也是符号位）。
- 第 1～40 位时间戳。
- 第 41～56 位机器 ID，默认是 IP 的低 16 位。
- 第 57～63 位本地序列。

40 位的时间戳大概相当于 38 年左右的毫秒数，Fast ID 的起始的时间从 2018 年 6 月 1 日开始计算。大约每毫秒生成 128(2^7)个 ID（准确地说是每 1.048576 毫秒，2^{20} 纳秒）。读者也可以参考 Twitter Snowflake 的设置，Twitter 使用了 41 位时间戳，可以用 78 年。Twitter 的 ID 是基于 Twitter 的访问量设计的，其实一般应用并不会在短时间内生成大量的 ID，所以采用 7 位本地序列足够了（每台机器每秒能生成 10 万以上的 ID），相反 FastID 增加了机器 ID 的宽度，其根本原因在于现在都是 Docker 容器部署，用容器 IP 的低 16 位来做默认的机器 ID，这个设置可以适应几万容器的集群，符合当下移动互联网应用的一般需求。

当然，开发者还可以根据自己项目的实际情况采用更适合自己的设置。具体例子可以参考项目中的跑分配置（BenchmarkConfig）。

6.5 GraphQL 连接数据库访问层

这一节关注的是如何把 GraphQL 的 Resolver 函数和数据库访问层连接到一起。其实连接的方式可以多种多样，这一节主要介绍开发者非常习惯的 DAO 的连接方式。如图 6-2 所示，在 Resolver 层和数据访问层之间，添加了 DAO 层。

在图 6-2 中，为不同的 Resolver 函数设计对应的 DAO，然后借助对应的 DAO 把 GraphQL 的 Resolver 函数和数据库访问层连接到一起。

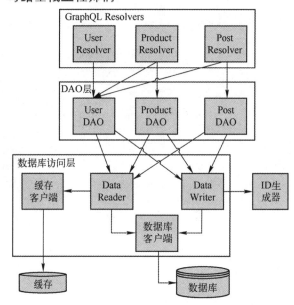

图 6-2 数据访问系统设计图

Q&A 　　　什么是 DAO？

DAO（Data Access Object）是一个在后端编程中常见的概念和设计模式，很多编程语言在处理访问数据库（持久层）时都会引入 DAO 的设计模式。

DAO 其实就是后端应用访问数据库的 API。通过 DAO 这层 API 的设计，可以让后端应用和数据库的具体细节隔离开来，也就是所谓的"解耦"。

DAO 层的接口设计最好与具体的数据库无关。也就是说，不管后台用何种数据库，如关系型的 Oracle 和 MySQL，NoSQL 的 MongoDB 和 Cassandra，甚至是基于内存的 Redis 的 RDB 或者 AOF 持久化方案，最好都可以抽象成一套统一的 DAO 来访问数据持久化访问层。有的读者可能会觉得为难，因为这些数据库或者持久化方案支持的查询类型可以说是各种各样，如何能设计出一套统一的持久化接口呢？

这里的窍门是尽量使用 ID 来操作数据。因为几乎所有的数据库或者持久化方案都支持使用唯一键值来读取和写入数据。但这还不够，因为总会遇到一些情况无法只用 ID 来访问数据，后面会用具体的例子来解决这个问题。

来看具体 DAO 的设计，如图 6-2 所示，一般为每个数据实体类型创建一个 DAO 实例，比如用户就是 UserDAO，商品就是 ProductDAO。每个 DAO 都针对自己对应的数据实体，提供一组 Function 来达到对数据增删改查的目的。

在 GraphQL 的 Schema 设计和数据库设计初步完成以后，就会开始 DAO 的设计，就像前面提过的，DAO 其实就是 GraphQL 后端功能实现和数据库访问层的对应关系，下面就秉承这个思路来设计 DAO。

6.5.1　用户数据 DAO 实例

下面的 UserService 就定义了一个用户 UserDAO 的访问接口，它提供了两个成员方法——GetByID 和 GetByIDs。这两个方法分别提供了读取单个用户和读取批量用户的功能实现。代码如下：

```
type UserService interface {
  GetByID(context.Context, ID) (*User, error)
  GetByIDs(context.Context, []ID) ([]User, error)
  。。。
}
```

开发者可以根据项目的需要，添加所需要的成员方法来扩展 UserService 接口。但需要注意的是，尽量只通过 ID 来访问数据。

6.5.2 DAO 在 GraphQL 后端架构中存在的意义

有些开发者可能并不喜欢 DAO 这样略显"累赘"的设计，省掉 DAO 这一层，直接在 GraphQL 的 Resolver 层中写数据库访问代码不好吗？

首先，DAO 层可以帮助开发者抽取重复数据访问代码。

因为 GraphQL 是通过图的关系获取数据，可能会有很多地方涉及读取同一个用户的数据这样的重复逻辑。有了 DAO，就可以把 GetUserByID 这样的功能抽取出来，减少重复代码，让后端实现更加 DRY。

其次，DAO 层便于对数据库访问层的代码进行优化。数据库访问的代码抽取出来后，就有了一个对 GraphQL 层实现透明的优化方式。因为只要保持 DAO 的接口不变，就可以尽情优化 DAO 及其下游的 DataReader 和 DataWriter 的实现，而无须触碰 GraphQL 层的实现。后面章节在讲述 Data Loader 时，会有更加具体的例子。

那有些读者可能就会犯难了，因为某些应用就一定需要通过一些其他的查询条件来得到数据，比如做一个简单的电商网站，需要有某种商品的列表；做一个简单博客的网站，就需要经常得到一个用户发的所有的博文。接下来就来讨论这两种需求的设计方案。

6.6 简单分页设计

电商网站发展非常好，已经有几千种商品了，所以商品列表查询急需分页功能。

前面实现了一个得到所有产品列表的 UI 组件，有经验的读者可能会有这样的担心，如果商品数据特别多，有几千几万个，商品列表就会很长，在客户端不能一下子都显示出来。有些读者可能会想在客户端可以做个分页，一次只显示 10 条或者 20 条数据。但一次性从 GraphQL 服务器读取这么多数据，对于服务器和网络传输的压力都很大，而且客户端保存那么多数据给客户端内存的压力也很大，那该怎么办？

其实也很简单，只需要让 GraphQL 服务也支持分页。一般会把分页相关的字段——比如一页有多少商品和从哪条数据开始等，作为参数在请求时传递给 GraphQL 服务，这样 GraphQL 服务就可以只返回客户端所请求的那一页的信息。

6.6.1 简单分页设计

让 GraphQL 服务分页的关键是对一个几千几万行的列表"切块"，每次应客户端的请求，只返回满足要求的一块。

先来看一个最简单的"切块"方式，客户端只需要传进来两个参数：

- PageSize: 以多少行数据为一页。
- PageNum: 客户端现在要第几页。

其实就是按照每一页的大小分块，客户端要第几块就返回第几块。

就升级前面定义的 allProduct 查询如下：

```
type Query {
  allProducts(pageNum:Int = 0, pageSize:Int = 20): [Product]
  product(id: ID!): Product
}
```

在这里使用了 GraphQL 默认参数值的语言特性。如果客户端不传入 pageNum 或者 pageSize 的值，那么服务器端就会采用在 Schema 中设置的默认值。所以以下三个查询是等价的：

```
allProduct()
allProduct(pageNum: 0)
allProduct(pageNum: 0, pageSize: 20)
```

它们都是读取最前面的一页（从 0 开始记数），且每一页大小为 20 条记录。

这种基于页码的分页方式，还有另外一种变种，使用 skip 和 pageSize 进行分页。skip 用来设定要跳过多少条记录，比如说 skip = 103，pageSize = 7，那么这个分页查询就会返回 104～110 这 7 条记录。

这两种分页方式可以自由转换，不过 skip 更灵活一些，可以任意指定要跳过的记录数，而不需要是 pageSize 的整数倍。

对应到后台实现，页码或者 skip 可以很容易地对应到数据库查询上。下面例子的意思是限制每一页 20 条记录，跳过前 40 条记录：

```
SELECT * FROM products ORDER BY name LIMIT 20 OFFSET 40;
```

上面介绍的这两种简单的分页方式最大的好处就是前后端逻辑都很简单直接，代码实现方便。需要注意的是，这两种分页方式只适合数据新增和删除不是很频繁的情况。

如果数据条目更新很频繁，又会怎么样呢？比如说客户端已经读取了第一页的 20 条数据，这时候其他用户删除了第 10 条和第 11 条数据，那客户端再翻页去读取 21～40 条记录的时候，其实读取的是原来数据集中 23～42 条记录，也就是后面所有的数据都向前移动了两位，那么原本位于 21、22 位置的两条记录就被漏掉了。

动动脑：假设现在按照时间顺序倒着排序，即最新创建的数据在第一页。如果在客户端拿到第一页的数据后，其他用户又创建了两条数据，那么该客户端向后翻页会发生什么呢？

此外，对于不少数据库，如果查询未能很好地使用索引，数据量又比较大，比如要跳过 100 万条记录之后的某一页，那就可能造成比较高的数据库查询延时。

6.6.2　Cursor 分页方式

再来介绍一种基于数据创建时间的 Cursor 方式。一般来说，每一条数据都会记录它的创建时间。记录创建时间有诸多好处，不单单可以用于 Cursor 分页，也可以方便做增量化数据导入导出。在数据模型（比如 SQL 数据库中的表）中加入一条 createdAt 字段，该字段可以是一个日期时间类型，也可以是一个长整型（比如 Epoch Time，记录从 1970 年 1 月 1 日 0 点 0 分 0 秒到当前时间的毫秒数）。有了这个字段之后，就可以按照下面的做法来设计分页：

```
type Query {
  allProducts(after:Int = 0, pageSize:Int = 20): [Product]
  product(id: ID!): Product
}
```

有了上面的查询定义，当客户端发送 allProduct (after:0，pageNum:20) 给服务器端的时候，服务器端就会返回从时间原点，即 1970 年 1 月 1 日 0 点 0 分 0 秒之后创建的 20 条记录（这里假定按照创建日期正序排列，即先创建的排在前面）。

这里的 after 参数，其实就是所谓的 Curosr。那如果想读取下一页怎么办？要根据当前页的数据来计算下一页的 Cursor。比如当前页的最后一条记录的创建长整型时间是 2000（即 1970 年 1 月 1 日 0 点 0 分 2 秒），那么获得下一页的查询就写成 allProduct(after:2000, pageSize: 20)。

思考题 1：服务器端的 SQL 查询又要如何写呢？

这里直接给出答案：

```
SELECT * FROM products where createdAt > 2000 ORDER BY createdAt LIMIT 20
```

思考题 2：为什么上面的查询是 createdAt > 2000 而不是>=呢？

小提示：cursor 的值是上一页最后一个元素的时间值。

但这种使用创建时间作为 Cursor 的分页方式带来了两个问题：

问题 A：GraphQL 的 Int 型没有明确说明最大可以支持多少位的二进制数值，因为这取决于具体编程语言的实现情况。比如 Long 是 64 位二进制的，而 GraphQL 前后端要尽量做到与编程语言无关，也就是不管什么编程语言编写的前后端，都可以互相调用。那这里可能会出现由于某些编程语言使用小于 64 位的整数类型而造成数值溢出的问题。

问题 B：如果数据创建十分频繁，而日期时间精度是毫秒级，如果在某一毫秒内创建了超过 20 条（pageNum，一页的最大记录数）记录，那这个分页就会出现混乱。所以如果有大量数据在同一时间创建，这个做法就不是很可靠了。

问题 A 的解决办法有很多，可以定义自己的数据类型或者干脆使用字符串来作为 after 的类型，这样就可以避免数值溢出的问题。

问题 B 就有一点麻烦，其实问题 B 的根源是 createAt 的值不能保证唯一，很有可能重复。那么，如果能有一个唯一又能保证基于有序的 ID，不就解决问题了吗？

关于如何生成分布式唯一且有序的 ID，可以使用前面介绍的 Snowflake ID 算法。假定已经有了这样的 ID，也就是后创建的数据的 ID 会比先创建的数据的 ID 大（其实 Snowflake ID 的不同服务器创建数据的先后顺序并不是严格保证的，但对于一般情况足够了）。

动动脑：如果要跳到 8 页之后怎么办？前面只说了如何请求下一页的数据。可如果跳过几页又该如何设计 API 呢？

小提示：可以用 skip。

建议：一定要在数据库 Aursor 对应的字段上加索引。当然如果使用 ID 作为 Cursor，由于基本上所有的数据库都会默认为主键加索引，所以这就不是一个问题了。

6.6.3　客户端分页显示

在客户端分页显示的 UI 设计有很多种形式，可以是谷歌、百度那种页码的，也可以是只有前一页后一页链接的，还可以是只有一个"获取更多"按钮的，甚至是无限滚动的。但不管怎么显示分页，核心逻辑都需要分批发送请求去后端获取数据，每次成功取得可供显示一页的数据后，再来更新 UI。

Apollo 客户端支持一种很简单的分页方式，叫 Fetch Mode。这种方式可以自动分批地到后端读取数据，读取后还会把新数据和旧数据合并到一起。

6.6.4　服务器端 Resolve 分页

GraphQL 的分页机制既可以作用于一个查询或者修改操作，也可以作用于一个列表字段（比如用户的商品收藏列表）。

还是从 Schemas 设计开始，为用户收藏商品 products 字段指定参数：

```
type User {
  id: ID!
  name: String!
  gender: Gender
  products(pageNum:Int = 0, pageSize:Int = 10): [Product] //收藏列表
}
```

在指定参数的时候还可以为参数指定默认值。这有两个好处：第一个是客户端很多时候可以少传些数据；第二个是可以让 GraphQL 向前兼容。比如原来的 products 是不支持分页的，可能有客户端都已经按照这个方式来实现了，如果服务器贸然增加两个必填参数，很多客户端的查询就要出错了。

再来看服务器端代码如何实现：

```
User:{
  products(user, {pageNum, pageSize}) {
    let start = pageNum * pageSize;
    return  db.get("products").filter({seller_id:user.id}).slice(start,
```

```
start + pageSize).value();
        }
    }
```

和原有的 Resolver 函数相比,增加了计算 start 偏移量的步骤,然后通过 slice 把结果集中的一部分切出来再返回给客户端。

注意: 在数据量特别大的真实应用中,这种方式会造成性能问题。后面的章节会介绍其他的分页方法,并比较它们的优劣。

动动手: 无限嵌套查询的威力——在前面的项目实践中,新增了两个字段——产品类型中的卖家(seller)字段和用户类型中的产品列表(prducts)字段。那可不可以构造一个嵌套多层查询,实现一个产品信息中嵌套卖家,卖家信息中嵌套产品,然后产品中再嵌套卖家……? 请看下面这个查询:

```
query{
  allProducts{
    id
    name
    __typename
    seller {
      products(pageNum:0, pageSize:10){
        id
        seller{
          name
          products{
            id
          }
        }
      }
    }
  }
}
```

上面这个查询是可以正常工作的,其实只要合理设计对象之间的关系,就很有可能通过一条 GraphQL 查询操作就得到服务器端所有的数据。

但这种查询也产生了新的问题,又该如何设计数据库呢?

其实数据库可以有多种设计,可以采用关系表,可以采用 ID 列表,后面都会一一介绍。

6.7 一对多关系

需求

在读取用户数据的时候,可以选择性地读取该用户所有的发文。

6.7.1 Schema 和 Resolver 函数定义

还是先从 Schema 的定义开始：

```
type User{
  id: ID!
  ...
  posts(pageNum: Int = 0, pageSize: Int = 20): [Post!]
  ...
}
```

尽管在后端可以有很多种读取用户发文的实现方式，但是在 Schema 上的定义是基本一致的。这样体现了 GraphQL 可以隐藏服务器端实现技术细节的优点。

再来看 Posts 字段的 Resolver 的函数定义：

```
func (r *userResolver) Posts(ctx context.Context, args *struct {
  PageNum  int32
  PageSize int32
}) (*[]*userResolver, error) {
  …
  return &resolvers, nil
}
```

对于 Posts 这个字段的 Resolver 函数，它会有个"主人"（Owner），也就是(r *userResolver)，这意味着任何一组 Post 数据必然要属于一个特定用户 User。同时可以在"主人"那里读取到需要的用户 ID 的信息（使用 r. user. id）。有了用户 ID 这个关键数据，就可以继续查询数据库来得到该用户的所有发文。数据库方面的设计可以有多种方式，下面会一一介绍。

6.7.2 外键方式

先来看最简单也是最经典的一对多数据库查询实现，在博文 Post 这个实体里增加一个作者用户 ID 字段 authorId，然后就可以用如下的 SQL 查询非常简单地得到该用户的所有发文：

```
Select * from Post where author_id = "001"
```

如果是 NoSQL，需要数据库支持非主键的查询，比如 MongoDB，可以使用查询：

```
db.posts.find({authorId: "001"})
```

这里要求用户发表每个帖子的时候，写入的数据都保存一个作者的用户 ID 在 authorId 字段里，这个要求也是非常合理而且不难实现的。这种设计是现在中小型互联网应用中最常见的，也是符合数据库正规化要求的设计。

局限性：有些 NoSQL 数据库不支持使用主键 ID 以外的字段进行查询。（用户发文 Post 的主键是 ID，而不是作者 ID，即 authorId）。对于数据量很大的应用，一般会对用户的博文进行分片，即把用户的博文存储到不同的数据库节点，如果不是使用作者 ID 进行分片的话，这种使用用户 ID 来查询博文的方式会带来性能的下降。

6.7.3 聚合方式

针对外键的局限性，近年来开发者也会使用聚合的方式来表达这种一对多的关系。即在用户数据中，增加一个发文 ID 列表的字段。以 MongoDB 为例，可以用以下形式的用户数据来表达用户 001 发过博文 005 和 007。

```
{
 _id:"001",
 ...
 postIds:["005", "007"]
}
```

这里就要求用户发文的时候，需要把刚刚发好的博文的 ID 追加到 postIds 中。

局限性：很多传统关系型数据库不支持列表类型字段，如果使用以逗号或空格分隔的字符串，字符串切分处理、分页以及修改等都会带来麻烦。

同时对于用户 -> 博文、博文 -> 用户这种双向关系，关系数据需要存储到不同的数据集合中，比如用户数据存储 postIds 的同时，博文 Post 数据集中也仍然需要保存作者 ID。这样才能保证用户可以找到他的文章，文章也能找到它的作者。这种设计不但造成创建博文时会多次写入数据库，增加数据库的写入负担，而且还会带来额外的数据一致性的问题。比如博文中的 authorId 保存成功，但是 postIds 追加失败。

动动脑：如何来实现微博或者微信时间线那样可以看到所有好友的发文或者动态的查询呢？

这里的难点在于有两层的关系：一个是当前用户到他的好友；一个是他的每一个好友到该好友的发文。这个设计其实很复杂，会在后面的章节中不断展开。

很多开发者可能会有疑问，使用 ID 访问单一的数据元素的确十分方便和高效，但很多时候要对一个数据元素的集合进行查询操作，比如好友列表、微博时间线等，对于这种情况又该如何设计呢？请看下一章。

第 7 章

"关系" 的设计和持久化

导读：本章主要解决的问题

- 如何表达 "关系" 数据？
- 如何设计通用的 "关系" 数据模型？
- 如何实现 "关系" 数据的数据访问层？

作者一直觉得，如果开发者没有足够多的前后端开发经验，是很难设计好让前后端都能满意的 API 和数据模型的。所以，在对 GraphQL 前后端的代码有了一些了解之后，再回过头来看 GraphQL API 以及其数据模型的设计。

这一章将会主要针对数据实体之间复杂关系的设计，偏重于数据与数据之间的多对多关系。一个好的数据模型，更利于 API 的快速开发，让客户端可以容易调用，同时能提升（至少不会阻碍）服务器端的并发能力。

 需求　电商要增加用户与商品、用户与用户之间的互动。借鉴微信用户模型的设计，这也是 WEB 1.0 向 WEB 2.0 的一个转变，开始逐渐设计更复杂的数据关系。

7.1　用户关系建模

用户关系（也称为好友关系）是移动互联网应用中最常见的关系，这一节就以用户关系为例来讨论一下如何对"关系"进行建模。

7.1.1　如何表达"图"

在模型设计中，首选的是"图"化的数据模型。这里的图，不是图片（Picture）中的图，而是数据结构中的图（Graph），这也是 GraphQL 名字的由来。图 7-1 就是一个简单的数据结构中的图，由顶点和边组成。

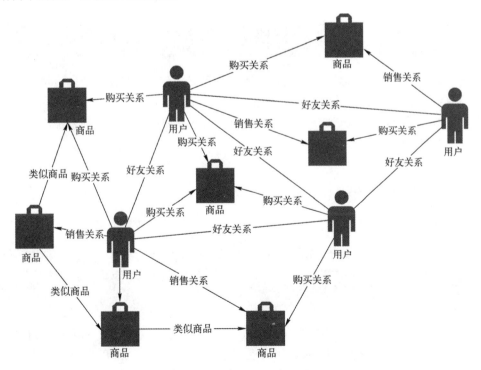

图 7-1　用户和商品关系图

图 7-1 描绘了商品和商品、用户和用户以及用户和商品的关系。图中用户和商品是节点，类似商品关系、好友关系、购买关系和销售关系是边。节点和节点之间的关系是任意的，任何两个人都可能建立好友关系，任何人也都有可能成为一个商品的购买者或者销售者。

在当今的移动互联网时代，不再只重视数据的实体（往往被定义为图中的节点），在很多应用中，更重视数据之间的关系。现在的数据产品，往往要基于用户和其他数据实体的关系，比如发了什么帖，给哪些帖子点过赞等。有了这些"关系"数据，才能更容易地分析出用户的特征，从而向用户推荐他可能更喜欢的商品或者服务。所以时下最流行的深度学习算法，往往也是依赖于分析数据之间的关系而给出最终的结论。

7.1.2　基本设计思路

把数据分为以下三类：

（1）节点（Node）——数据的实体，比如用户、商品、订单、学校和公司等。

（2）字段（Field）——实体中一些具体的数据元素，比如用户名、密码、电话号码、电子信箱等。

（3）边（Edge）——实际代表的是数据之间的关系。在本书中，采用边来指代一条表达记录节点之间的关系的数据。比如使用关系表的时候，用户 3 和用户 5 的好友关系，就是一条边 [3,5]。

前两类数据在前面的章节中已经有了很多的介绍，这一章主要来讨论边的使用。

7.2　边的集合与游标分页

在设计好友列表这样的多对多关系时，每个用户都会有一个好友集合。这里使用集合的概念，因为集合里的元素存在着互异性，也就是每个元素都是不同的。这种概念非常适合互联网应用数据关系的表达，比如好友关系，任何互联网社交应用的好友列表都不会允许有重复的好友，也就是说不会有两条重复的边。

7.2.1　边的简单表达

还是先来看 Schema 的设计：

```
type User implements IDNode{
  …
  friends(pageNum: Int = 0, pageSize: Int = 20): [User!]
}
```

这就是前面的商品列表采用的简单的分页方式，因为一般假设商品新增和删除并不频繁。但这对于可能会经常变动的好友关系可能就不是很适用了。比如用户小明有[A, B, C, D, E, F] 六个好友，现在每一页显示三个好友。那么第一页请求 friends（pageNum: 0, pageSize: 3）得到[A, B, C]，这没有什么问题。可这时如果用户小明和 B 解除了好友关系，那么好友列表就变成了[A，C, D, E, F]。可这时候客户端并不知道这个情况，它还会照常请求下一页 friends（pageNum: 1, pageSize: 3），这个查询会跳过前三个元素，也就是[A, C, D]，而返回[E, F]。那么客户端最终得到的结果就是第一页[A, B, C]，第二页[E, F]，好友 D 就被漏掉了。

动动脑：对于这种简单分页，如果在分页的过程中，新增了数据元素，又会发生什么呢？

使用前面的简单分页有以下两个问题：

● 删除元素的情况：可能会跳过或者说漏掉一些数据元素。
● 新增元素的情况：可能会让一些数据元素被客户端得到两次。

对于这种设计，有些开发者可能会有疑问，只返回好友的 ID 列表可以吗？如果客户端有需要，它可以再通过 ID 列表来进一步得到好友的数据嘛。这样做当然是更容易一些，但是这就不符合 GraphQL 的初衷了，本来希望一次 GraphQL 查询可以读取所有需要的数据，而且不返回 ID 列表而返回真实的好友用户数据，以便提高客户端定制结果的灵活性。比如客户端就只需要好友的 ID 列表，那客户端可以发送 friends(…) {id}这样的查询到服务器端，这样结果集里就会只包含 ID。但如果客户端想多要一些数据，它也可以在查询中指定其他的字段。这样才是使用 GraphQL 的真正目的。

7.2.2　边的简单分页

简单分页的数据库存储可以有多种形式，以关系型数据库最常见的设计方式——关系表为例。

如表 7-1 所示，开发者可以非常简单地创建一张单向关系表，每条记录包含两个字段，from_id 和 to_id，代表着这条边从哪个顶点来，要到哪个顶点去。

表 7-1　简单单向关系表

from_id	to_id
3	5
3	7

一般用关系名称作为关系表的表名，比如好友关系表，就可以把这个关系表命名为 friend_relationship。一般不会把不同的关系存储在同一个关系表中。

如果需要找用户 3 所有的好友，可以使用以下的 SQL 查询：

```
Select to_id from friend_relationship where from_id = 3
```

这种关系表的好处是，关系虽然是单向的，但查询可以是双向的，比如想查找有谁加了用户 5 为好友，可以使用以下的 SQL 查询：

```
Select from_id from friend_relationship where to_id = 5
```

需要注意的是，和前面介绍过的数据实体节点的简单分页不同，通过关系表查询找到的仅仅是好友的 ID 列表，而不是好友本身的实体数据。但有了好友 ID 的列表，就可以方便使用第 6 章已经实现的 User DAO 中的 GetByIDs 函数来读取好友数据的列表。

有经验的读者可能会想，在这里使用 SQL 的 Join 功能，直接连接用户表来读取所有好友的数据不是更方便吗？这种方式的确非常简便，但不利于使用缓存，而且还会受到数据库分片的影响，后续章节会有更详细讨论。

这种关系表的存储模型是通用的，不但可以用在好友关系这类同种数据实体（用户到用户）节点的关系，也可以用在学生和学校这种不同种数据实体节点之间的多对多关系。

7.2.3 边的游标分页

与前面介绍的简单分页相比，使用游标（Cursor）分页可以更精确地分页。

很多开发者把游标看成是指向数据的指针，指针这个词可能会让很多不喜欢 C 语言的读者感到头疼。其实在很多情况下，游标就是数据的唯一标志，比如可以把数据的 ID 当成游标。一般来说，会采用有序的唯一值来作为游标，而且如果这些数据来自数据库，我们还会在这个有序的唯一值上建立索引，以提高分页的查询访问效率。

和实体数据的游标分页一样，在边分页的时候仍然需要传入一个游标，这样就知道可以从哪里开始这一页。

分页的时候，需要传入两个数据：

● 游标：标识从哪里开始。
● 页长：一页里面放多少数据。

Project   **设计并实现基于游标分页的 GraphQL 服务**。

如果使用前面介绍的简单关系表来存储关系数据，那么这个游标的选取就不太直观了（如果使用关系型数据库，比较流行的做法是为关系表设立一个主键 ID）。

其实对于频繁更新的关系数据，可以使用 Redis 的有序集合 Sorted Set 来存储。这也是不少千亿级日访问量的后端应用，比如美国的 Pinterest 所采用的方式。

对于好友数据，为每个用户都维护一个属于自己的好友有序集合。为这个好友有序集合分配一个唯一的 ID，比如用户 003 的好友有序集合的 ID 就可以是 user：003：friends，用数据实体名 user+实体 ID 003+关系名 friends 的方式来命名。

在为用户 003 添加一个好友 005 时，仅仅需要把 ID 005 放进用户 003 的有序好友集合中。有些开发者可能就要有疑问了，你所说的有序到底是按照什么来排序的呢？Redis 的有序集合的每一个元素都可以指定一个分数 Score 字段，可以根据需要来设置这个分数的值。比如好友列表是按照好友添加时间先后来排序的，那就可以使用当前的时间戳来作为分数。

Redis 的命令如下：

```
Zadd user:003:friends 777· 005
```

然后就可以使用分数作为游标进行分页，在查询好友时可以使用 ZRangeByScore 命令：

```
ZRangeByScore  user:003:friends 777 +inf
```

如果 777 是当前的游标，上面这条命令会读取 777 到正无穷大分数的好友 ID。

需要注意的是，和使用关系表类似，这里查询到的同样仅仅是好友的 ID 而不是好友数据本身。但和关系表不同的是，这种有序集合的方式只能表达单向的关系，而且只能进行单向的查询。即只能找到用户 003 的所有好友，但是不能找到谁加了用户 003 为好友[〇]。

动动脑： 如果想知道谁加了用户 003 为好友又该怎么设计呢？

小提示： 可以考虑为用户 003 再增加一个有序集合。

使用有序集合的分数作为游标分页也带来了一个问题，就是客户端需要知道当前的游标，这样客户端才能在下次分页请求中通知服务器端该从哪里开始读取数据。但有序集合中的分数并不在用户数据模型中，那么又该如何设计 GraphQL 的 Schema 呢？

7.3 借鉴 Relay 的边设计方案

先来学习一下前人的经验：来自 Relay 的关系连接 Connection（也就是本书中的边）设计方案[〇]。

由于边的数量可能非常多，Relay 在设计边相关 API 时，已经充分考虑了分页功能。而且 Relay 边同样使用基于 Cursor 的分页方式。

来看使用类似 Relay 的方式，好友关系的 Schema 如何设计：

```
type User implements IDNode{
  …
  friends(pageNum: Int = 0, pageSize: Int = 20): [User!] //基本版
  friendEdges(input: EdgesInput): Edges //Relay版
}
  type Edge{
  node: IDNode!
  cursor: String!
}
type Edges {
  edges: [Edge]
  hasMore: Boolean!
}
```

friends 是前面介绍过的基本多对多关系的设计方案，friendEdges 是本节中将会着重介绍的基于 Relay 边模型的设计方案。

动动脑： 请大家比较这两种方案的异同。

除去分页的设计异同不谈，friends 的设计只适用于用户对用户的多对多关系，只能返回用户列表，而且不包含游标的信息。但 friendEdges 的设计可以方便重用到其他各种数据实体之间的多对多关系，而且可以承载游标。

再来看分页的设计：

```
input EdgesInput {
```

〇 这里假定好友是单向关系，即 A 可以加 B 为好友，但是 B 未必加了 A 为好友。

〇 https://facebook.github.io/relay/graphql/connections.htm。

```
    cursor: String
    pageSize: Int!
    isRev: Boolean #is reversed ordering
}
```

可以决定是向前分页还是向后分页。无论是什么样的边，若干分页需要的通用信息如下：

● 有没有下一页。

● 下一页需要从什么地方（也就是 Cursor）开始。

当有很多地方使用边的集合的时候，或者需要给边的集合增加一些其他的元素时，例如有没有下一页、一共有多少元素等，可以把这些设计元素抽象出来，而不是每次都重新定义。

7.4 "关系"数据的数据访问层设计

有了前面的 Redis 存储关系的设计增加关系和读取关系的接口设计，再来设计"关系"数据的读取和存储接口就很容易了，代码如下：

```
type DataReader interface {
    …
    GetRelation(context.Context, Relationship, ID, *[]ID) error
}

type DataWriter interface {
    …
    AddRelation(context.Context, Relationship, ID, ID) error
}
```

这里只提供了基本的接口定义，开发者可以根据实际需要来扩充，比如增加关系的排序方式（正向或者反向等）。由于篇幅所限，这两个接口函数的具体实现就不展开了，有兴趣的读者可以参考作者的 GitHub 链接中关于 GraphQL Server 的 Go 语言实现。

需要注意的是，这里得到的仅仅是实体对象的 ID，需要结合第 6 章介绍的实体数据对象的持久化访问层，例如通过调用 GetUserByIDs 来得到好友列表等的最终数据。

第 8 章

全栈 API 优化

导读：本章主要解决的问题

- 如何保证前后端数据的一致性？
- 如何高效利用缓存？
- 如何优化前后端系统的设计和实现？

在对 GraphQL 前端和后端开发都有了一定的了解之后，这一章就来讨论一些横跨前后端的优化方式。

8.1　前后端数据的一致性

8.1.1　数据的存在形式

在开始讨论前后端数据的一致性问题前，需要考虑同一份数据往往会以不同的形式存在于不同的地方。如图 8-1 所示：

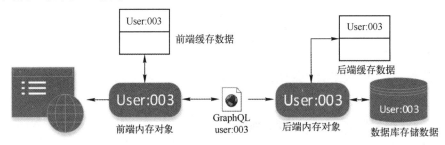

图 8-1　GraphQL 前后端应用数据存在形式

图 8-1 以用户 003 为例，表现了同一份数据以不同的形式出现在了以下的地方：

（1）在前端，数据存在于前端缓存和前端编程语言（例如 JavaScript）的内存对象中。

（2）在后端，数据存在于数据库、后端缓存和后端编程语言（例如 Java，Go，PHP 等）的内存对象中。

（3）在前后端之间，用户 003 的数据会以文字形式存在于 GraphQL 的请求和响应中。

数据在不同的地方可能会不完全一致，不一致的情况可能有多种原因，比如说下面的情况：

● 权限和安全设置带来的不一致。

比如 User 003 在服务器端可能会有字段 email 和电话号码的数据。但是在客户端，根据不同的设置，有的用户可以看到他的 email 和电话号码，但是有的用户不能。

● 数据可能在服务器端被其他人或服务更新。

比如用户 003 发了新的博文，但是很多客户端还没有更新他的数据。

数据不一致是普遍发生的，而且未必是错误，所以前后端的系统设计需要考虑到这些不一致的情况，并能有所甄别和处理。其实解决数据不一致的最常用思路，就是以后台数据库的数据为准，前后端系统的内存中和缓存中的所有的数据都要定期或者在需要时与数据库的数据校准。

8.1.2　Query 与 Mutation

在 GraphQL 中，修改操作 Mutation 在 Schema 中的表面形式和客户端的调用方式上和只读操作 Query 并没有区别，可以把 Mutation 看作一种特殊的 Query。但在具体数据库访问和缓存相结合的时候，要注意这两者微妙的差别。

理论上，只读操作 Query 与对象中操作的顺序是无关的，也就是说更改 Query 对象中操作的顺序，也应该会得到同样的结果。而在服务器端的实现中，为了加速，可以选择并行来处理 Query 中的操作。所以一定不要在 Query 查询的 Resolver 中修改数据，否则有可能遇到不可预知的错误。

例如，查询一次银行账户（不管你查询什么内容），扣除手续费 2 元，代码如下：

```
Query{
  QueryName（Account）      //查询姓名
  QueryBalance（Account）   //查询余额
}
```

如果服务器端实现是并行执行这两个查询操作的话，返回的余额很可能会有所偏差。

所以说，对于会对数据产生修改的操作是与顺序相关的。一般开发者在实现服务器后端的时候，也不会让修改操作并行执行，而是采用严格依照 Mutation 请求中的顺序排队依次执行的策略。

一般来说，GraphQL 大多数服务器端的实现会在一定程度上并行执行 Query，也就是说查询的执行顺序是不能保证的。因为 Query 是不改变已有数据的，那对于这些只读的 Query 操作，它们的先后顺序是无关紧要的，无论谁先谁后，或是一起并行执行，取出的结果都是一致的。但 Mutation 请求是严格串行的，因为每一次 Mutation 操作都会改变已有数据。例如前面提到的下单操作，每一次下单都会让库存减少，如果在一次 Mutation 中对同一个产品进行多次下单操作，当库存不足的时候，排在后面的下单操作就会失败。在这种情况下，如果打乱顺序执行下单操作，就会造成结果的混乱。另一方面，如果并发执行 Mutation，可能会造成 Race Condition（竞态条件）情况的发生。

Q&A　　　什么是 Race Condition?

Race Condition 就是指多个进程（或者线程）一起抢着更新一个数据资源的时候，如果没有合适的锁，各进程之间的读写顺序可能会被打乱，带来不可预知的结果。

例如，小明和小红是夫妻俩，他们共用一个存款账户，里面有 50 块钱。有一天，他们在同一个时间，不同的网点向账户里分别存 100 块钱，那他们的账户可能会是多少钱呢？把存款操作分解为"读取账户余额到内存""内存余额加 100""写入新余额"三步操作。那么每一个营业网点作为一个独立的进程，如果两边同时读入了余额到各自的内存，然后进行加 100 的操作，那最后写入新余额的时候，都是 150 块，而不是理应的总额 250 块。

为什么会出现错误的结果？其实是因为存款功能在设计上假想每次存款时，前一次的存款已经正确完成，而没有考虑两次存款可能并发执行，于是在存款计算中使用了"不正确"的内存中的结果，或者说内存数据和数据库数据发生了短暂的不一致。

如何解决这个问题呢？其实让两次存款按一定顺序依次执行即可。

在高并发系统的开发中，尤其要注意防止 Race Condition 的发生。请读者注意，如果所有并发的操作都是只读操作，则不会发生 Race Condition。这也是为什么 GraphQL 服务可以"肆无忌惮"地并行执行 Query 的原因。

所以把 Mutation 从 Query 分离出来，是为了在服务器端和客户端都对 Mutation 进行特殊的照顾，从而达到保证数据一致性和防止 Race Condition 的目的。

8.2 客户端缓存更新机制

这一节不是讲怎么更新 UI，而是来讨论为什么修改操作成功后，基于只读查询操作的 UI 组件中显示的数值就被自动更新了。

8.2.1 客户端使用 Mutation 更新缓存

开发者做客户端开发的时候要有一个概念，服务器端数据库里的数据才是最"正确"的。就如银行账户上有多少钱，要以银行数据库中的数据为准，而不是以打印在存折上的数字为准。因为存折上的数字很可能并没有与银行数据库进行同步更新。

为了用户能看到真实有效的数据，开发者要尽量保证客户端上的数据和服务器端一致。偶尔有些不一致在很多应用中也是可以接受的，但是客户端要能够尽快发现数据的不一致。

举个简单的例子，在客户端成功更新了服务器端数据后，存储在客户端上的对应数据也需要更新。比如说下单成功后，更新了服务器端的库存，那么客户端里面该产品的库存信息也需要即时更新。

所以在 API 设计中，每一次 Mutation 操作成功后，都要把被更新的数据的 ID 和受到更新的字段同时返回给客户端。

对于使用 React 的开发者，很多时候在数据更新后，会尝试更改组件中的状态，来达到 UI 更新的效果。如果想在某一个组件中修改其他组件的状态，比如说用户点击了一个子组件中的按钮，产生了某些状态的变化，可能需要更新其父组件的状态和显示。那就可以在父组件中定义处理点击按钮事件的回调函数，并把该回调函数作为属性传给按钮子组件。但上面的 Mutation 组件的例子中并没有采用这么麻烦的做法。

那是不是 Query 组件在 Mutation 操作成功后偷偷请求了 GraphQL 服务器，获得了最新的库存数据后让 UI 自动更新了呢？可以使用浏览器提供的开发者工具中的网络（Network）栏观察前端应用向后端发送请求的情况，会发现修改操作成功后，前端并没有向服务器端偷偷发送其他查询操作请求。

图 8-2 展现的是：Query UI 组件与其说是和 GraphQL 的查询操作绑定，倒不如说是和缓存中的结果绑定：也可以说 Query UI 组件是订阅了缓存中的数据。

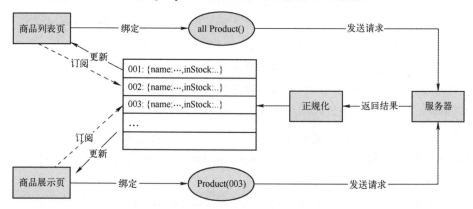

图 8-2　客户端缓存数据流图

图 8-2 中有几个要点：

（1）服务器端返回的数据要经过正规化这一步后才存到缓存中。

从服务器端返回的结果是复杂多样的，可能是个对象的列表，也可能是个单一的对象，比如说上面例子商品列表页绑定的 allProduct 返回商品 001，002，003 的信息，那么 Apollo 客户端就会在缓存中分别以 001,002,003 为唯一标识（key）创建三个对象，而商品展示页绑定的 product(003)会返回商品 003 信息，客户端会以 003 为唯一标识创建一个对象。Apollo 客户端默认使用 id 和 __typename（这个属性隐藏在返回结果中，有兴趣的读者可以用浏览器的开发者工具找一找）合在一起作为唯一标识。

另一方面，Apollo 客户端从服务器得到成功返回后，如果可以找到 id 等唯一标识，Apollo 就一定会自动更新缓存。

（2）每条记录只有唯一的一份。

对于一条商品信息的记录，比如说商品 003，尽管它可能在商品列表页和商品展示页中所绑定的查询结果中都存在，但在缓存中也只有一份数据。

那么如何来保证数据在缓存中的唯一性呢？通过正规化。如果在正规化的过程中，创建对象的唯一标识已经存在于缓存中，客户端就会更新缓存中的数据。所以两次查询下来，客户端总共只会在缓存中创建三个对象（003 的返回两次，但只会创建一次，第二次返回会更新已有的数据）。

（3）UI 组件——商品列表页和商品展示页从缓存中读取数据。

如果数据不在缓存中，Apollo 客户端会发送请求到服务器端，但服务器端返回的结果还是会在正规化后通过缓存送到 UI 组件。也就是说，无论如何都不会跳过缓存这一步。

再来看看 Mutation 操作，因为 Mutation 操作也有返回值，而且也能在其中找到 id 和隐藏的__typename，于是它也会顺理成章地更新缓存。一旦缓存中的数据被更新，由于 Query UI 组件——包括商品列表页和商品展示页订阅了缓存中的数据，于是也就自动地跟着一起更新了。就是这么简单，一行更新的代码都不用写，所有用到商品 003 数据的地方就全都跟着更新了。

8.2.2　定制更新缓存

上一节中介绍的更新缓存的例子可以用于绝大多数应用场景，但是在实际应用中总会出现一些不符合常理的情况。

比如说，客户端缓存的唯一标识是 id 和__typename 的结合，可如果服务器返回的数据不符合这个规定怎么办？

动动手：如果对象的唯一标识不是 id 怎么办？

在初始化 InMemoryCache 的时候，传入 dataIdFromObject 这个字段就可以解决这个难题。比如说开发者在制定 Schema 的时候使用 myId 而不是 id 作为每个对象的唯一标识，则可以使用下面的代码：

```
const cache = new InMemoryCache({
  dataIdFromObject: object => object.myId
});
```

动动脑：如果是联合主键怎么办？比如数据库里的学校是通过城市和学校名字这两个属性来唯一确定的（假定城市里不会同时存在两个第一中学）。这里抛砖引玉，使用下面的代码：

```
dataIdFromObject: object => object.city + object.name
```

但这并不是一个绝对可靠的做法，有些极端的情况会把不同的数据映射到同一个 id 上。比如说 {city:"A", name: "AB"} 和 {city: "AA", name: "B"} 就会映射到同一个 id。读者可以思考如何改善上面的写法。

还有时候，可能需要在读取数据之后做一些手动的更新。比如想把刚刚创建好的商品 004 加到商品列表中去，这样的需求就不能通过 Mutation 自动更新缓存来完成。因为商品列表订阅了商品 001，002 和 003，没有订阅商品 004（因为商品列表组件 mount 的时候，商品 004 还不存在），这样商品 004 加入到缓存中的时候，是不会自动更新商品列表的。这种情况要怎么办呢？可以给 Mutation 组件传入一个 update 回调函数来手动更新想要的部分。

这里没有讨论任何缓存过期机制，也就是说如果有数据在缓存中，你不刷新整个页面，数据是不会过期的。但服务器端的数据可能发生了变化，这就需要一些机制绕过缓存去读取数据。

8.3 出错、超时与重试

就像人吃五谷杂粮会生病，服务器"日理万机"也难免会出错，网络传输要通过重重网关，有时难免会超时。因此，做一个系统就要充分考虑和妥善处理这些情况，并在需要时重试出问题的请求。

8.3.1 错误信息的定义

如果读者跟随本书前面的章节，并动手修改了代码的话，一定会遇到出错的情况。在出错时，GraphQL 会根据查询在服务器端的执行情况返回如下的 JSON 结果：

```
{
  "data": {
    "user": {           查询成功的数据
      "id": "9527",
      … //(这里省略 user 的具体数据)
    },
    "product": null       对于查询出错的数据，结果往往会返回 null, 代表不
  },                      存在
  "errors": [
    {
      "message": "Not found",   message 承载了出错信息，本例中为数据资源不存
      "path": [                 在—— "Not found"
        "product"       path 用于指示是哪个查询出错，本例中 path 指向了
      ]                 product 查询
```

```
        }
      ]
    }
```

GraphQL 会返回一个大的数据对象，其包含 data 和 errors 两大块。data 就是承载查询的返回值，而 errors 则承载出错信息。如果所有查询都成功了，那么 errors 就不会出现在返回的数据对象中。

服务器端要给客户端提供足够多的信息，让客户端可以判断什么时候该重试。

8.3.2 服务器端如何返回出错信息

不管是当前服务出错还是下游服务（比如说数据库）出错，都要在 Resolver 函数中根据具体的情况处理和返回出错信息。请看下面代码：

```go
func (r *Resolver) GetUser(ctx context.Context, args *struct {
  Id graphql.ID
}) (*userResolver, error) {                    ← 返回结果类型为 tuple


  user, err := r.UserService.GetByID(ctx, model.ID(args.Id))
                                                ← 下游数据服务的返回值也设计为 tuple


  logger.Debugf("Got user(id:%v) %v err:%v", args.Id, user, err)


  if err != nil {                               ← 当异常情况发生时，返回 nil, err（err 为具体错误）
    return nil, err
  }


  return &userResolver{user, r.UserService}, nil
}                                               ← 查询成功的数据，错误为空
```

几个要点：

● 每个 Resolver 函数返回 tuple 类型（多返回值）。

Tuple 的第一返回值为具体数据，如果出错，则第一成员为空。

● 每个下游服务 API 也尽量返回 tuple。

如果下游服务 API 不是返回 tuple 而是向上抛出异常，则需要在当前服务的 Resolver 函数中妥善处理下游服务抛出的异常。

● Resolver 函数通过检查下游服务返回的错误信息来决定返回值。

小思考：如何使用类似 Java 中的 try-catch 代替返回 tuple？

提示：使用 Go 中的 Defer 和 Recover。

很多使用 Java 或者 C# 来从事后端开发的读者会习惯使用 try-catch 来处理错误，当下游服务发生错误后，直接向上抛出异常，而不是把 error 作为返回值 tuple 中的第二成员返回。

其实两者是等同的，很多时候要结合使用。

8.3.3　客户端如何处理出错

客户端在检查到服务器端返回了出错信息之后，无外乎有以下两种处理方式：

● 告知用户应用服务已出错，并返回用户能懂的出错信息。

● 默默重试，直到返回正确结果。

重试似乎是提高成功率的一个有效方式。但要注意并不是所有错误都有必要重试，甚至重试一些类型的错误会造成更严重的问题。

一般不重试以下情况：

● 请求验证错误。

● 认证错误以及权限不足。

● 资源没找到。

比如用户注册时，提供的密码长度太短，不符合服务器端的验证要求，这样的错误是客户端如何重试都不能解决的，必须通过返回给最终用户明确的出错信息，等待用户提供符合要求的密码才可以解决。

一般会慎重地重试以下情况：

● 服务器过载。

● 客户端发送过多请求（一般服务器端会限制客户端每秒或者每分钟的请求总次数）。

以上情况虽然说是暂时的，可以通过重试来解决，但是重试会加重服务器过载或者受限制的情况。所以此时可以调整重试策略，使其比较"温柔"地重试。比如说等待 1min 再进行重试，或者通知最终用户服务器过载的真实情况，让用户等待。

8.4　使用高阶函数来优化 GraphQL 组件

本节的目的是让前端代码变得更 DRY，而主要的方式是采用高阶函数和高阶组件。

Q&A　　　　　什么是 DRY？DRY 有什么好处？

DRY 是 Don't Repeat Yourself 的缩写。很多开发者都会发现在实现一些软件系统的时候，经常在不同的地方重复相似的代码逻辑。

小讨论：是否可以采用面向对象的继承等方式来 DRY？

使用面向对象的程序设计方式有非常多的好处，其中一点就是可以把公用的逻辑放在抽象类中，如果哪个具体的子类需要使用到这个公用的逻辑，就让该子类继承(Inherit)共用逻辑所在的抽象类。这种类继承的方式是面向对象编程世界最常见的方式。由于非常多的开发者也想在 JavaScript 中使用面向对象的特性——其实主要是可以被继承的类，在 ECMAScript 2015 中，JavaScript 也有了 Class 这个关键字（语法糖）。不过对于 JavaScript 来说，高阶函数可能更方便。下面来了解什么是高阶函数。

8.4.1　高阶函数

其实这个概念在高中数学里就有了。

分别定义两个函数 f 和 g，它们有各自的特性：

$$f(x) = x^2$$
$$g(x) = x + 1$$

那把它们组合到一起，$f(g(x))$ 又会有什么特性呢？显而易见，这个组合在一起的新函数会同时受到 f 和 g 的影响。通过不同高阶函数组合，就可以实现新的函数功能。比如计算某个数的平方 $f(x) = x^2$ 是个已经存在的功能，x^4 就可以用 $f(f(x))$ 来实现，而 $x^2 + 2x + 1$ 就可以用 $f(g(x))$ 来做到。

在计算机编程中，高阶函数为符合以下至少一条特征的函数：

● 它可以接受一个函数作为参数。
● 它可以返回一个函数作为返回值。

使用高阶函数有非常多的好处，本书的例子中利用高阶函数把代码中的重复逻辑抽出来。

8.4.2　使用函数式的声明方式

为了让代码更加精简，以及更好地利用高阶函数的特性。可以把 React 组件的声明转换成函数式的。代码如下：

```
function ProductItem(props){
  return (<p>{props.id} - {props.name}</p>)
}
```

使用 JavaScript 的箭头表达式进一步简化到一行代码：

```
const ProductItem = ({ id, name }) => (<p>{id} - {name}!</p>);
```

在需要使用这个 UI 组件的地方就可以和普通 React UI 组件一样使用：

```
<ProductItem name="Nokia 5300" id="0001" />
```

使用函数式的声明方式有很多优点：

（1）可以让代码更容易重用。

（2）可以让每个组件更加简洁而且职责明确。

（3）可以避免对 state 的使用。过多的 state 的使用会让前端代码难以调试和测试。

使用函数式声明 React 组件的若干限制是：

（1）不能使用 React 的生命周期函数。

例如很多开发者会使用 ShouldComponentUpdate()来帮助处理什么时候需要 render 以及什么时候不需要 render 来优化前端的性能，如果使用函数式的声明就没法达到优化的效果。

（2）不能使用 state。

React 组件因为其内部 state 而强大，但 state 是把双刃剑，带来强大功能的背后是巨大的调试和测试的麻烦。但也不太容易把一个前端应用的所有组件都设计成无 state 的，这会让很多原本简单的事情变得麻烦。

谁说鱼和熊掌不可兼得？下面就来介绍一种可以让函数式声明组件兼具某些 state 功能的方法——使用 Recompose。而且 Recompose 可以让 React 组件结合 GraphQL 的功能更容易，下面会看到使用 Higher-Order（高阶组件）的方式来注入数据加载的例子。

8.4.3 使用 Recompose

这一节主要讲如何结合使用 Recompose[⊖]，让代码更加 DRY。Recompose 其实是 React 的工具包，其本身和 GraphQL 并没有直接关系。但可以利用 Recompose 的函数式声明组件和高阶组件来抽取重复的逻辑，并让抽取出来的逻辑和 React 组件自由组合。

Q&A　　什么是 React 的高阶组件？

高阶组件（Higher Order Component，简称 HOC）是一种扩展组件功能的方式。仿照前面高阶函数的定义，高阶组件就是一个函数，允许调用方传入一个已有组件，然后该函数返回一个新组件。它的基本形式是：

```
const enhancedComponent /*新组件*/= higherOrderCompFunc(existingComponent
/*已有组件*/);
```

通常会通过高阶组件来扩展一个已有组件的功能，比如让一个传统的 React 组件来支持 GraphQL 查询。

在前面的例子中，开发者难以避免地在各个组件中重复一些相近的逻辑。比如在 render 函数中的 Loading 功能：

```
const Component = props => {
  if (props.data.loading) {
    return <div>正在装入</div>
  }
  return (
    <div>装入完毕，此处显示数据</div>
  )
}
```

如何把这些不同组件里的判断数据是否还在加载的逻辑抽取出来呢？可以通过定义一个分支 branch 来达到这个目的。

新的设计方式把每一个 GraphQL 组件拆成了三部分：

● GraphQL 部分。

根据具体组件的需要定义 GraphQL 的查询。

● 处理数据加载部分。

⊖ 安装 Recompose: npm install recompose –save。

这是一个通用的、适用于所有涉及 GraphQL 的 UI 组件的公用代码逻辑：

```
const loading = (propName) =>
  branch(
    props => props[propName] && props[propName].loading,
    renderComponent(...), //这里显示正在装入的动图或者文字信息
  );
```

使用了 branch，当数据还在装入时，也就是 props[propName].loading 为真时，就显示数据正在装入的动图或者文字信息。

● 正常显示部分。

每个组件会有自己的显示逻辑，拼装代码：

```
const enhancedComponent = compose(
  graphql(getUser, { name: "user" }), // 定义 GraphQL 的查询
  loading("user")  // 通用分支 branch，用来处理数据装入的情况
)(Component); //Component 是正常显示数据的组件
```

定义分支为可以把符合某些情况下的属性分离出来，这样判断 Loading 的逻辑就从具体的组件中分离了出去，只需要实现一次，所有 GraphQL 的组件就都可以用上了。

动动手：如何把错误处理的逻辑也分离出来呢？

8.5 通盘考虑 API 设计

在了解了 GraphQL 的前后端之后，很多读者或许会有疑问，是从前端的需要出发来设计 API，还是从后端查询效率或者说数据库表结构来设计 API 呢？

答案是：都不正确。

8.5.1 面向真实数据关系建模

在设计 GraphQL 的数据模型时，和其他 API 不同，GraphQL 的模型是对数据建模，而不是对视图（View）建模。这样做有什么好处呢？这样做可以用一套 API 支持不同的客户端。比如设计一套 API，它要支持手机、平板、网页和电视盒子四种客户端。由于在服务器端共用一套根本数据，所以如果提供四种独立的 API 服务来服务这四种客户端，无疑是费时费力，而且还存在数据互通的问题。由于每种客户端的 UI 设计要针对不同客户端的操作习惯，很可能截然不同，那每一个 UI 视图所需要的数据也会是不一样的。这样每次 API 请求所需要的数据视图也是不一样的，而这时就要针对数据的真实关系建模，然后在客户端通过 GraphQL 自由灵活的查询方式，使不同客户端得到不同的数据。

例如手机和网页读取好友列表查询就会有所不同。因为手机屏幕显示的数据会比较少，就会让好友列表尽量精简，只包括必要的数据；但网页会需要更多的数据填充，那样让用户界面显得比较丰富。

可以看出这种对数据建模的方式，不但节约了后端多次定制开发的工作，而且对支持将

来未知客户端也是很有好处的。

8.5.2 遗留数据建模

真实数据是不是就是数据库中的数据呢？在不少实际项目中，它们是脱节的。这一小节主要讨论真实数据模型和数据实际存储结构脱节的情况。

在实际项目中，有可能会工作在一组极为陈旧的数据库上，这样的数据可能已经是补丁加补丁，不能很好地体现数据之间的真实关系。此时可以借用 GraphQL 重构数据，其目的是让客户端可以更容易地使用这些遗留数据。

例如，笔者年轻时曾经在一个十分陈旧却一直更新维护的项目里工作过，该项目原来有一个产品表叫 Product，后来要在 Product 上更改一些字段的数据类型，由于种种原因，这个改动没法做在 Product 表中，于是程序员想出了一个办法，就是再创建一个数据表叫 Product2，并使其拥有新的字段类型。这就产生了一个问题，任何需要访问产品数据的功能，都需要同时访问这两张数据表。对于这种情况，使用 GraphQL 可以做很好的隔离。利用 GraphQL 的片段 Fragment 等特性，可以方便地让同种数据支持不同的字段集合。

所以说，要透过现象看本质，要从一个系统数据模型的前后端实现中发现数据之间最本质的关系，而不是仅从前端或者数据库出发来对 GraphQL 的 API 进行数据建模。

8.6 自省和文档

做分布式系统/服务，其实就是把事情委托给别的服务去做，或者说使用 API 来和服务器端协作。可怎么知道服务器端可以提供什么样的服务呢？对于 RESTful 服务来说，最主要的方式是通过文档。那对于 GraphQL 来说，有什么更好的办法吗？

公司需要向合作伙伴们发布 GraphQL API，但他们需要文档。BD（商务拓展）问，需要再做一个网站来专门提供文档吗？

8.6.1 命名比文档重要

好的 API 应该具有非常良好的命名习惯，让人一看 API 本身就知道怎么用的。有些读者可能会觉得，多写点文档描述 API 不是一样的吗？

文档不是越多越好，在能把问题说清楚的前提下，要用最少的文档来描述这个 API。因为更新文档也需要成本，现实情况是程序员在很愉快地更改了 API 的代码实现后，往往会"忘记"更新对应的文档。所以最好的 API 设计应该可以在完全不参考文档的情况下，使用者仍然可以方便自如地使用。而 GraphQL 在使用良好命名，并结合 GraphiQL 界面的情况下，让一些简单明了的 API 可以摆脱文档的束缚。

先来看操作的命名。一般地，对于只读查询操作，有两种主流命名方式：

（1）名词式：users(startPage: 2, pageSize:20)。

（2）动词式：getUsers(…)。

细心的读者应该会发现，本书对两种命名都有使用，因为目的在于介绍 GraphQL 的各种使用情况。在实际项目中，还请读者统一使用一种命名方式。

对于修改操作，开发者一般采用动词命名。比如 createProduct(...)，updateUser(...)等。注意 GraphQL 是大小写敏感的，所以一般采用小写字母开头的骆驼式（Camel-Case）的命名。

对于数据类型的命名，和大多数编程语言一样，一般采用名词来命名类型，比如 User，Product 等。对于两个单词以上的类型名，同样采用骆驼式命名法。需要注意的是，GraphQL 的类型一般使用大写字母开头。

因此，对于很多简单明了的 API，不需要额外的文档，只要通过合适的命名，就可以描述自己的功能了。

8.6.2 自省

仅仅有好的命名还不够，尤其是在和外部合作伙伴共同开发的时候，还是需要把 API 的各种细节汇总到一起，形成一篇"文档"供合作伙伴调阅。这时，可以通过 GraphQL 的自省（introspection）功能来做到这点。

GraphQL 自省（也有翻译成内省的）是 GraphQL 的特色，也是实用功能之一。利用自省，可以自动生成结构化的漂亮文档。

先来看 RESTful API，通过规范化的 URL 来操作服务器端的数据，但没有规范化 API 返回的数据里面有什么，也可以说它是弱类型的，因此往往需要借助额外的文档来描述服务。但前面提过，GraphQL 是强类型的，在服务器端的 Schema 文件中预先定义了这个服务有哪些查询，支持哪些类型，每种类型又有哪些字段，枚举型字段又允许哪些值等。这时就可以利用 GraphQL 的自省功能，把在 Schema 文件中定义的内容，以某种形式提供给客户端。

比如想知道商品 Product 数据类型都支持哪些字段，每个字段又是什么类型。就可以给 GraphQL 的服务器端发送一条下面这样的查询：

```
{
  __type(name: "Product") {
    name
    description
    fields {
      name
      type {
        kind
        name
        description
      }
    }
  }
}
```

主要__type 是两个连续下画线开头。把要查询的类型名作为参数传给 type

这个 type 是 Product 类型下每个字段的 type，可以进一步展开

这个查询会返回如下的结果，篇幅所限，只截取了一部分字段的信息：

```
{
  "data": {
    "__type": {
      "name": "Product",
      "description":"Product is a substance that is manufactured for sale.",
      "fields": [
        …
        {
          "name": "price",
          "type": {
            "kind": "SCALAR",
            "name": "Float",
            "description": "The `Float` scalar type represents signed double-
precision fractional values as specified by [IEEE 754](http://en.wikipedia.org/wiki/
IEEE_floating_point). "
          }
        },
        {
          "name": "inStock",
          "type": {
            "kind": "SCALAR",
            "name": "Int",
            "description": "The `Int` scalar type represents non-fractional
signed whole numeric values. Int can represent values between -(2^{31}) and 2^{31} - 1. "
          }
        },
        {
          "name": "isFreeShipping",
          "type": {
            "kind": "SCALAR",
            "name": "Boolean",
            "description":"The`Boolean`scalar type represents `true` or `false`."
          }
        },
        {
          "name": "images",
          "type": {
            "kind": "LIST",
            "name": null,
            "description": null
          }
        }
      ]
    }
  }
}
```

这里是 Product 类型的信息，注意 description 字段，稍后用它来生成文档

这里是 Product 类型中 price 字段的信息。大家可以看到 price 的 type 名字是 Float。而且有详细的描述

可以看出 GraphQL 的自省功能本身也是一个 GraphQL 查询。一般符合 GraphQL 标准的服务器实现会在 root 类型下，提供"__type"和"__schema"两个字段，可以对 Schema 内定义信息的查询，有兴趣的读者可以自行探索。有些读者可能已经发现，自省查询往往都是采用双下画线开头的，所以在 Schema 文件中命名自定义的查询和数据类型时，应尽量避免采用双下画线开头，以免和 GraphQL 自省查询冲突。

动动手：查询一个枚举类型所有可能的字段。

8.6.3　文档

API 在简单命名的背后，有很多需要进一步解释的内容，或者说需要为 API 后来的开发者解释系统设计的来龙去脉。这时文档就是系统开发中非常重要的一环，在前面的章节提过 GraphQL 是自带文档功能的（Self Documenting），也就是说 GraphQL 自己就能根据 Schema 来自动生成文档。这样做的好处是文档和 GraphQL 的 Schema 可以聚合在一起。如果更新了 Schema，文档自然就更新了，从而杜绝文档过于陈旧，脱离当前服务实现的问题。

GraphQL 生成文档是通过自省查询中的 description 字段来实现的。可 Schema 定义中并没有这个字段，那么这个字段的内容又是从哪里来的呢？

在定义 Schema 的时候，可以通过每个类型或者字段前的注释来自动产生 description 的内容。GraphQL 的注释以"#"开头。

比如在定义 Product 的时候，可以有如下的定义：

```
#Product is a substance that is manufactured for sale.
interface Product {
  #this is the indentifier of a product
  id: ID!,
  name: String!, #Product name
  price: Float,
  inStock: Int,
  isFreeShipping: Boolean,
  images: [String]
}
```

> 这两行注释都会体现在自省查询的 description 字段当中

在 description 中使用 Markdown[○]语法。同时如果实现一个可以查看 GraphQL 文档的客户端的话，在显示 description 字段的时候，应尽量采用和 CommonMark 兼容的 Markdown 渲染器。

通过自省，客户端可以知道服务器上关于如何使用 API 的一切信息，从而更好地发送请求和接收服务器端的响应。

安全隐患：有些开发者可能会把一些敏感信息，比如说应用的验证密码写到注释中，那就要注意了，因为 GraphQL 自省的文档自动生成功能，很可能会把开发者在 Schema 文件中的注释当作 description 暴露出去。

○ 参考 http://commonmark.org/项目。

8.6.4 API 的升级与兼容性

还要花点时间想一想，API 将来会是什么样子？

Project 设计查询所有图书和定价的查询操作的返回数据类型。

最简单直接的做法，可以使用图书名来做 key，定价来做 value。返回一个对象即可。

```
{"操作系统":33.67,"数据结构": 45.20,…}
```

但如果系统扩展了呢？比如说需要增加作者、出版社、书号等信息，这个数据结构就不够用了。有的读者可能会说，可以再造一个对象，来存储作者，然后再造一个对象来存储出版社。其实是可以的，但客户端的压力就比较大了，因为在移动互联网时代，由于很多老旧设备的存在，很多客户端的更新可能严重落后于服务器端。这种老客户端突然接到它不认识的数据对象，可能就会造成处理上的麻烦。所以说，在 API 设计伊始，就应该考虑到这些扩展的情况，可以使用一个对象的数组的形式来设计这个 API。代码如下：

```
query{
  getBooks() [Book]
}
```

客户端在发送请求的时候，指定所需的 Book 中的字段。这样即使以后 Book 中新增了字段，也不会影响客户端的实现。

动动脑：请读者回顾一下第 2 章对订单 Input 输入类型的定义，想想这个输入类型有没有什么兼容性的隐患。如果要为订单 Input 增加字段，如何能让老客户端仍能继续使用？

不过开发者也要避免过度工程（Over Engineering）的问题，没有必要把所有的数据都设计成复杂类型。至于如何权衡是每个开发者要根据项目的具体情况来思考的问题，本书就不过度展开了。

第 9 章

认证与授权

导读：本章主要解决的问题

- 你是谁?
- 你可以干什么?

就如在本书开始介绍全栈程序员时所说的,安全在互联网应用中是非常重要的一环,也是全栈程序员的必修课。这一章就来讨论一下如何让 GraphQL 结合现有的互联网认证和授权机制。

9.1　基于 Http 协议的用户认证

其实解决"你是谁"的问题是不困难的,最普通的做法——只要用户提供用户名和密码,就可以确定身份。不过我们几乎不会每一个请求都附带用户的用户名和密码,因为这样非常容易泄露用户的信息。但问题又来了,和 RESTful API 一样,GraphQL API 也是无状态的,那如何在 GraphQL 服务器端没有用户状态的情况下,又不每次请求都附带用户名和密码,就一直知道发出请求的用户是谁呢?

9.1.1　使用 Cookie 的认证方式

很多有经验的读者可能已经想到使用 Cookie。没错,GraphQL 作为 Http 服务,当然可以和 RESTful API 一样使用 Cookie 来存储和传递用户的认证信息。

可以新建一个 Mutation,取名为 login,简单地为其设定两个参数——用户名和密码。那么在 login 的 Resolver 中,当用户登录成功后,做下面三件事情:

(1)生成一个很难被猜到的 Session ID,一般为 128 位或者 256 位的二进制随机数。

(2)在 Session(用户会话)表中新加一条记录,至少包含 Session ID 和 User ID 两列。如下所示:

Session ID	User ID
ABEF1024FEA331123	admin
13414ABED42D3AB5	coco
87FD43452186AD428	beinan

(3)通过控制 Http 协议,在服务器端给客户端返回一个 Set-Cookie 指令,并附带刚刚生成的 SessionID。

这样,支持 Cookie 的客户端,例如浏览器,就会保存这个 Cookie。以后在每一次发送给服务器端的请求中,都会在请求头(Request Header)中附带这个 Cookie——包括 Session ID 的值。服务器端收到包含 Cookie 的请求的时候,就会读取 Cookie 中 Session ID 的值,并用读取到的值去 Session 表中找到对应的记录,从而得知这个请求的用户身份。

可以说使用 Cookie 的认证方式是目前使用比较广泛,也是简单且比较安全的一种解决方案。但它也存在很多不利的因素。下面就介绍一种更适用于 API 的认证方式,也是 GraphQL API 用户认证的首选方案——Token(访问令牌)。

9.1.2　使用访问令牌 Token 的认证方式

和传统的使用 Cookie 的认证方式相比,使用 Token 有以下好处:

● 无状态。

- 跨域：传统 Cookie 的用户认证方式不利于跨域。
- 解耦合：用户认证以及 Token 生成的逻辑和 GraphQL API 的业务逻辑完全分开，互相没有依赖关系。
- 简化移动客户端：对于 iOS 和安卓的开发者来说，使用 Cookie 需要额外的编码（类库）来支持，而使用 Token，则只需要使用一个简单字符串类型就可以支持了。
- 易于测试：如果要测试服务，只要准备一个 Token 附加在请求里就可以了，而不需要模拟出一个 Cookie。

那有的读者可能要问了，如何产生 Token，并在 GraphQL 前后端应用中使用 Token 呢？

9.2 基于访问令牌 Token 的用户认证

很多读者应该听说过 OAuth 这样的认证协议。类似 OAuth 这种认证协议的核心思想是：

- 客户端通过访问专用的授权服务来获得或者更新访问令牌 Token。
- 客户端通过得到的访问令牌 Token 来访问提供资源的应用服务。
- 提供资源的应用服务通过这个访问令牌来确定客户端是否为授权用户。

可以发现这里的关键是访问令牌。那么访问令牌到底是怎么生成的呢？

9.2.1 访问令牌的生成

访问令牌 Token 就是一串极难被猜到的数字或者字符串。访问令牌是每个请求（Request）访问服务器资源的钥匙。既然它是个钥匙，那么其他人如果获得了这个钥匙，就可以打开对应的门。所以在生成访问令牌时，要特别注意以下几点：

（1）Token 需要具有唯一性，不能产生 Token 冲突的情况，即给两个用户生成同样的 Token。

（2）Token 需要很难被人猜到。

（3）Token 不能太长。因为每一次请求的传输都会附带 Token，如果在 Token 中附带过多数据，无疑增加了网络传输的负担，增加了访问延时。

为了满足 1 和 2 这两点，Token 生成的空间要足够大，可以是 128 位或者 256 位的一个大随机数，这样既可以减少冲突而保证唯一性，又可以让用人很难猜到。如果用一个 32 位的随机数，Token 冲突和被别人猜到的可能性就要相对大一些。需要注意的是很多伪随机数的算法是有规律可循的，不能让黑客通过以前生成的 Token 来猜到后面可能要生成的 Token。

在传输过程中，要防止 Token 泄露，推荐使用 Https。但使用 Https 也不是绝对安全，如果有足够的时间，黑客还是可以破解 Https 中反复传递的 Token。所以同时要为 Token 设置一个过期时间，这样即便 Token 泄露或被破解了，被泄露的 Token 也会很快或者已经过期，而不会造成长期、恶劣的影响。Token 过期以后，客户端可以使用用户名和密码再次获得新的 Token。不过大家要注意的是，过短的 Token 过期时间有可能造成用户名和密码过于频繁地传输到服务器端，增大密码泄露的危险。

> **Q&A**　　　把用户的 Email 做一次 Md5，当作 Token 行不行？

早先有不少网站就是这样处理的，但这种算法是非常不安全的。因为这种算法虽然基本可以保证 Token 的唯一性，但是它不能满足"Token 需要很难被人猜到"的特性。黑客只需要知道用户的 Email，就可以计算出用户的 Token。

目前，常用的访问令牌主要有以下两类：

- Bearer Token。持票人令牌，基本可以看作是一串无意义的数字字母。任何人只要有这个令牌，就可以获得这张票的权限和访问对应的资源。一般来说，都会为持票人令牌设置一个过期时间。一旦令牌过期，可以使用 Refresh Token 来拿到一个新的令牌。更具体的使用方式大家可以看看 OAuth 2.0 的文档⊖。
- JWT Token⊖。看起来也是一串人类不可读的数字字母，但这种 JWT Token 可以装载少量数据，而且可以防范恶意客户端对其装载数据的修改。

可以在需要用 Bearer Token 的应用场景中使用 JWT Token 来代替。

9.2.2　GraphQL 整合 Token 要点

Bearer 和 JWT 这两类 Token 都可以很好地和 GraphQL 层以多种方式进行整合。

Token 可以在 GraphQL 层以外的其他地方获得，也可以通过设计一个 GraphQL 操作，使其返回给客户端一个 Token。Token 既可以在 GraphQL 中验证，也可以通过实现额外的 Http 中间件的方式来验证。但本书建议 Token 的生成与验证最好可以和 GraphQL 解耦，这样将来采用其他第三方认证的时候，就不会影响 GraphQL 层的实现。

9.2.3　服务器端拿到 Token 以后做什么

对于普通的 Bearer Token，服务器端会使用 Token 作为 key，到 Session 池中找到对应的用户信息。

服务器端的 Session 池如果想要支持很高的并发量和较低的延迟，实现起来其实并不容易，如果放在数据库中，就需要额外的数据库查询，如果放在内存中，就需要多个服务器之间同步。

如果觉得使用 Session 池是个很大的负担的话，那么看看 JWT Token 的好处：

- JWT Token 本身可以包括"我是谁"此类的信息，不再需要服务器端维护一个 Session 池来记录。
- JWT Token 本身可以包含更细粒度的权限信息，比如说用户属于哪个用户组，用户可以访问哪些操作。
- JWT Token 的使用和传递是无状态的。因为 JWT 本身包含了足够的信息，不需要在服务器端维持一个 Session 池来保存每个 Token 对应的状态，这对应用服务的扩展性

⊖ OAuth 2.0 是目前工业界流行的授权协议。见 https://oauth.net/2/。

⊖ JWT 的具体细节请参考 https://jwt.io/, https://tools.ietf.org/html/rfc7519。

（Scalability）是有好处的。

JWT Token 里面具体存什么数据呢？分为三部分：

（1）头（Header）：包含 Token 的类型，一般就是 JWT 和使用的哈希算法，比如 HMAC SHA256。这些数据被"包"成一个 JSON 对象，比如下面的形式：

```
{
  "alg": "HS256",
  "typ": "JWT"
}
```

（2）装载的数据（Payload）：应用开发者会在这里放入自己需要的数据，比如：

```
{
  "user": "wang",             //我是谁
  "exp": 1531185225,          //什么时候过期
  "iss": "Beinan's Auth Service"  //谁签发了这个 Token
}
```

这里就装载了"我是谁""什么时候过期"以及"谁签发了这个 Token 的信息"。开发者可以自由加入自己需要的信息。

需要注意的是头和装载数据都是采用 Base64Url 编码，这种编码尽管人类不可读，但是可以采用工具进行解码。也就说，如果别人拿到了 JWT Token，就可以拿到里面的信息。所以不要把密码明文等信息放在 JWT Token 中。

（3）签名：通过在头中制定的算法，比如 HMAC SHA256，把头和装载数据采用如下的算法加密：

```
HMACSHA256(
  base64UrlEncode(header) + "." + base64UrlEncode(payload),
  secret)  //secret 是只有签发者知道的长字符串
```

有了这个签名，就可以防止头和数据装载中的数据被人恶意修改。比如说，如果有人在数据装载中加入 admin：true 这样的字段，必然会造成签名不符。而其他人又不知道签发者的 secret，是签发不出修改后的新签名的。

JWT Token 就是由以上三部分组成，用"."来分隔。可以给大家一个直观的例子：

```
eyJhbGciOiJIUzI1NiIsInR5cCI6IkpXVCJ9.eyJzdWIiOiIxMjM0NTY3ODkwIiwibmFt
SI6IkpvaG4gRG9lIiwiaWF0IjoxNTE2MjM5MDIyfQ.SflKxwRJSMeKKF2QT4fwpMeJf36POk6yJV_a
dQssw5c
```

这就是上面数据产生的 JWT Token。

9.3　查询操作层面的权限控制

需求

设计一个删除用户的修改操作，要求只有管理员才能使用。

9.3.1 设计 GraphQL 的授权服务

用户的授权以及注册登录等操作未必一定要使用 GraphQL，可以设计为基于 OAuth 的
授权服务。但本书是以介绍 GraphQL 为主的，因此就使用 GraphQL 来制作一个授权服务。

还是先看 Schema 定义：

```
input AuthInput {
  loginName: String!
  password: String!
}


type Mutation {
  signUp(input: AuthInput!): User  #注册
  signIn(input: AuthInput!): String! #登录
  removeUser(userId: ID!): Boolean!  #删除用户
}
```

这里提供三个修改操作：注册、登录和删除用户。注册用于创建一个新用户，登录用于
得到 JWT Token。而删除用户是一个只有管理员才能使用的修改操作。

有些读者可能会觉得用户登录是一个只读操作。的确，在使用 JWT Token 而无须写入用
户 Session 表的情况下，如果只从 GraphQL 设计的角度来说，用户登录的确可以说是个只读
操作。但由于只读操作是顺序无关的，如果客户端一次性发送两个只读操作——用户登录和
查询自己好友，在这种情况下，很难保证用户登录在查询自己好友的前面执行。所以为了避
免混淆和产生不可预知的错误，还是把用户登录作为一个修改操作来处理。

这三个操作的具体实现请读者参考本书在 GitHub 上的源代码⊖。

9.3.2 JWT Token 中数据的定义

在用户名密码验证成功以后，需要生成一个 JWT Token 并返回给客户端。

先要定义 JWT Token 中会包含哪些数据。这包括两部分，应用本身需要的数据
AppClaims 和 JWT Token 标准需要包含的数据 jwt.StandardClaims。通过 Go 语言内嵌 struct
的方式，把两个 struct 拼接到一起。代码如下：

```
type JWTClaims struct {
  AppClaims
  jwt.StandardClaims
}
```

再来看应用本身需要的数据如何定义：

```
type AppClaims struct {
  User       string   `json:"user"`
```

⊖ 使用 Go 语言的后端实现。见 https://github.com/beinan/graphql-server。

```
    IsAdmin    bool    `json:"isAdmin,omitempty"`
    Permissions []string `json:"permissions,omitempty"`
}
```

这里主要包含该用户的 ID、是否是管理员、以及具体有些什么权限（注意这里的 Permissions 是个数组）。开发者可以根据应用的需要对 AppClaims 中的字段进行删减。对于非必填的字段，比如说 IsAdmin，对于绝大多数用户来说都是 False 值，就可以省略，只需要在管理员登录时加上 IsAdmin: True 即可。这时可以在 json 的定义中加上 omitempty，这个设置可以缩短非管理员 JWT Token 的长度。

9.3.3 JWT Token 的生成

首先需要设定一个只有自己知道的签名密钥：

```
    var signingKey = []byte("ABCDEF")//ABCDEF 为开发者自己知道的密钥
```

有了上面这些准备之后，就可以很容易地为 GraphQL 服务生成一个 JWT Token 了。代码如下：

```
func GenerateJWT(appClaims AppClaims) (string, error) {
  // Create the Claims
  claims := JWTClaims{
    appClaims,
    jwt.StandardClaims{
      ExpiresAt: time.Now().Add(time.Duration(1440)* time.Minute).Unix(),
      Issuer:    "Beinan's Auth Service",
    },
  }

  token := jwt.NewWithClaims(jwt.SigningMethodHS256, claims)
  return token.SignedString(signingKey)
}
```

这里使用 github.com/dgrijalva 的 jwt-go 开源包[○]。并为 Token 指定了一天（1440 分钟）的过期时间。

那么在 SignIn 操作的 Resolver 函数中，就可以非常方便地生成并返回这个 JWT Token 了。代码如下：

```
func (r *Resolver) SignIn(ctx context.Context, args *struct {
  Input *AuthInput
}) (string, error) {
  ……
  isPasswordMatched := …//验证密码
  if isPasswordMatched {
```

○ Jwt 的 Go 语言实现开源包见 github.com/dgrijalva/jwt-go。

```
    //验证密码成功时，生成 Token 并返回
    return utils.GenerateJWT(utils.AppClaims{
      User:        auth.UserId,
      IsAdmin:     auth.IsAdmin,
      Permissions: auth.Permissions,
    })
  } else {
    //验证密码失败时，返回空 Token 和错误信息
    return "", errors.New("Username and password do not match")
  }
}
```

9.3.4 验证 Token 中间件

有了 Token 后，又该如何在 GraphQL 后端应用中验证 Token 呢？本书推荐使用前面介绍过的 Http 中间件模式。代码如下：

```
func AuthFilter(logger utils.Logger) Filter {
  return func(next http.Handler) http.Handler {
    return http.HandlerFunc(func(res http.ResponseWriter, req *http.
Request) {
      //从 Http 头中获得 Token
      token := req.Header.Get("Authorization")
      token = strings.TrimPrefix(token, "Bearer ")
      logger.Debugf("Token in header %v", token)
      //从 Token 中获得授权信息，并附加用户授权信息到上下文
      ctx := utils.AuthAttach(req.Context(), token)
      //让 Http 请求使用附加有用户授权信息的上下文
      next.ServeHTTP(res, req.WithContext(ctx))
    })
  }
}
```

在测试这个中间件的时候，需要在 Http 头中加入：

```
Authorization: Bearer {Token}
```

使用实际从授权服务中获得的 Token 来代替上面的{Token}。

9.3.5 解析和验证 Token

使用前面为生成 JWT Token 定义的 JWTClaims 结构，把从 JWT Token 中抽取出来的数据存入到一个 JWTClaims 对象中。

在下面的代码中，会验证签名的算法是否正确、Token 本身是否合法等，如果一切正常，就返回填充好的 JWTClaims 对象，否则返回出错信息。代码如下：

```
func ParseJWT(tokenString string) (*JWTClaims, error) {
    token, err := jwt.ParseWithClaims(tokenString, &JWTClaims{}, func(token
*jwt.Token) (interface{}, error) {
        // 验证签名算法
        if _, ok := token.Method.(*jwt.SigningMethodHMAC); !ok {
            return nil, errors.New("Unexpected signing method.")
        }
    // 返回签名密钥
        return signingKey, nil
    })

    if err != nil {
        return nil, err
    }
    //检查 token 是否合法
    if claims, ok := token.Claims.(*JWTClaims); ok && token.Valid {
        return claims, nil
    } else {
        return nil, errors.New("Invalid token.")
    }
}
```

9.3.6 通过上下文传递授权信息

通过上面讨论过的验证 Token 中间件，可以把用户的权限信息放入上下文中。

需要先定义存放授权信息在上下文中所需 Key 的值，一般使用一个私有常量。常量的值可以由开发者任意指定，但是需要尽量避免重复。代码如下：

```
const authContextKey = "AUTH_OBJECT_CONTEXT_KEY"
```

先来看如何把得到的授权信息放入上下文，下面的 AuthAttach 函数会返回一个新派生的上下文。在前面定义的验证 Token 中间件实现中，会把这个新派生的上下文附加到 Http 请求中。代码如下：

```
func AuthAttach(ctx context.Context, token string) context.Context {
    authObject, err := ParseJWT(token) //调用刚才定义的 Token 解析函数
    if err != nil {
        logger.Errorf("Parsing JWT error: %v", err)
    }
    return context.WithValue(
        ctx,
        authContextKey,
        authObject,
    )
}
```

再来看如何把用户信息从上下文中取出。代码如下：

```
func GetAuthObject(ctx context.Context) *JWTClaims {
  authObj := ctx.Value(authContextKey).(*JWTClaims)
  logger.Debugf("Auth object getting from ctx: %v", authObj)
  return authObj
}
```

在具体的 Resolver 函数中，可以使用 GetAuthObject 来获得授权信息，并进行权限验证。

9.3.7　数据细粒度的权限控制

设计一个添加好友的操作，需要以下两种权限：
- 普通用户：只能为自己添加好友。
- 管理员：可以为任何人添加好友。

还是先从 GraphQL 定义开始：

```
addFriend(fromId: ID!, toId: ID!): Boolean!
```

这是一个非常简单的修改操作，接收两个参数，分别为代表好友关系发起人的 ID 和他所要添加为好友用户的 ID。

再来看 Resolver 中关于权限控制部分的实现：

```
func (r *Resolver) AddFriend(ctx context.Context, args *struct {
  FromId graphql.ID
  ToId   graphql.ID
}) (bool, error) {
  //从上下文中读取授权信息
  auth := utils.GetAuthObject(ctx)
  //检查权限
  if auth.UserId != string(args.FromId) && auth.IsAdmin != true {
    return false, fmt.Errorf("You have no permission to add friend for
user %v", args.FromId)
  }
  …
```

从上下文中得到授权信息后，如果检查到当前登录用户 ID 既不是发起好友关系的用户 ID 也不是系统管理员，就返回"你没有权限为×××添加好友"的出错信息。

在实际开发中，开发者可以根据需要来使用授权信息进行权限验证。

拓展项目：在授权信息结构 JWTClaims 中定义了 Permissions 数组，如何使用这个数组限制用户的权限，只允许被授权的用户添加好友呢？

第 10 章

高并发后端优化

导读：本章主要解决的问题

- 如何解决 GraphQL 发送冗余查询的问题？
- 如何使用数据装载器 DataLoader？
- 如何高效使用缓存、SQL 以及 NoSQL 数据库？
- 如何清除数据库查询的瓶颈？
- 如何与大数据和机器学习结合？

从前面的章节可以看到 GraphQL 在 JavaScript 和 Go 语言上都有了功能完善的框架技术，读者多数时候都不需要太关心基础框架建设，而且 Apollo 等现有框架的性能足以应付大多数中小型应用服务的后端并发量。一般来说，开发者只要专心于业务逻辑的编码工作即可。可如果面对更大的并发访问压力，那后端服务又需要注意些什么呢？

本章的假设：

● 设计目标是移动互联网应用的后端服务。

● 此类服务的瓶颈往往来自数据库等下游服务。

本章将以处理高并发的后端请求为前提，以优化高频的数据库访问为目的，介绍如何使用 Go 语言来开发高并发的 GraphQL 服务。也正是因为 Go 语言的 GraphQL 生态还不是特别完善，可以有更多的动手机会来亲自优化很多具体细节，从而深入理解 GraphQL 的后端实现。

10.1　处理 N+1 问题

这一节重点解决程序员所担心的一次 GraphQL 请求产生多次访问数据库查询的问题。

 通过前面介绍的内容，发现获取用户好友列表的查询有严重的性能问题，请优化。

10.1.1　什么是 N+1 问题

简而言之，N+1 问题就是系统运行中产生过多不必要查询的问题。N+1 问题并不是 GraphQL 所独有，其广泛存在于 ORM（对象-关系映射）系统中。当用面向对象的模型来操作关系型数据库的时候，就容易造成 N+1 问题。

在实际使用中，由于 GraphQL 是基于对象的"图"查询语言，那必然存在很多一对多的关系，比如有一个用户 Jack，他有 N 个好友。假设在读取 Jack 的数据时，如果要同时读取他的 N 个好友。使用简单一一对应的 Resolver 方式，可能就要生成一次查询给 Jack，同时生成 N 个查询给 Jack 的 N 个好友，于是就有了 N+1 个查询。这就是所谓的 N+1 问题。

10.1.2　N+1 问题为什么会危害性能

N+1 问题会产生过多的数据库小查询，而过多的数据库小查询会产生以下的问题：

首先，N+1 问题增加了网络延时等数据库查询上的开销。每一条独立的数据库查询，都会有一定的运行时间的开销。这个开销来自很多方面，比如网络上的延时等。因为在实际部署中，数据库和应用服务器往往在不同的物理机器上，那么它们之间的通信往往会带来 1ms 左右甚至更多的延时。那么在 N 等于 100 的时候，额外就增加了 100ms 左右的延时。显而易见，100 个返回一条数据的查询在性能上会低于单独一个返回 100 条数据的查询。而且网络通信一般都会有一定的长尾延时 Tail Latency 出现，过多的小查询也会放大长尾延时的影响。

其次，N+1 问题很可能产生额外的查询。以博客这类网络应用为例，在生成回复列表时，需要读取每个回复的作者信息。如果有 100 条回复，就需要产生 100 条获取作者数据的查询。而实际上，这 100 条回复中很可能存在一个用户回复多次的情况，也就是说 100 个回复可能总共也就只有一二十个不同的作者。如果简单地产生 100 条获取作者数据的查询，就浪费了宝贵的系统资源。

10.1.3　解决 N+1 问题的思路

解决 N+1 问题的基本思路就是：批处理数据库查询和合并重复 Key。

这一节先来讨论批处理查询的方式。以关系型数据库为例，对于上面用户 Jack 有 100 个好友的例子，会有下面的查询：

```
select * from USER where id = 1
select * from USER where id = 2
select * from USER where id = 3
…
select * from USER where id = 100
```

可以把上面 100 条查询转化为下面一条查询，其同样可以返回 100 条用户数据：

```
select * from USER where id in (1,2,3,…,100)
```

上面这个例子中，使用 ID 也就是主键来查询数据，这样的查询非常容易合并，但这并不适用于所有的查询。对于有些不能比较容易地合并成一条查询的数据库查询，可以利用很多数据库都支持的批处理模式把不相干的查询组合到一起发送给服务器，进而减少网络传输上的开销。比如在 Java 的 JDBC 中，就是使用 Batch Processing 来加速查询。可以通过 addBatch() 方法把一条条独立的查询添加到批处理（Batch）中，然后通过 executeBatch 方法一次性发送给数据库服务器执行。executeBatch 方法会把批处理中所有查询的结果放在一个数组中，统一地返回给调用方。在互联网应用中使用这种 Batch Processing 方式的时候，希望读者能够结合使用 Memcached 等缓存技术。

在使用批处理的过程中，需要提防一次查询所返回的数据量过大，造成数据库服务器端内存不足的问题。而且在实际应用中，合并查询未必总是好的，因为数据很可能分片（Sharding）在很多数据库服务器节点中，这时候单独的小查询可能会有更好的查询效果，读者需要具体问题具体对待。

10.1.4　GraphQL 如何批处理查询

在 GraphQL 中使用批处理的难度在于每一个函数 Resolver 是独立的，它们并不知道其他 Resolver 需要什么数据，那该如何把一条 GraphQL 查询中的所有的数据库查询汇总合并成一个批处理呢？可以采取以下两种方法：

- 预解析请求法：在 Resolver 函数执行前读取所有需要的字段，然后综合考虑生成查询。这样做的复杂度比较高，而且并不容易支持所有的情况。

● 使用 DataLoader。DataLoader 数据加载器[注]是 Facebook 设计的用于读取数据的工具，并提供了官方的 JavaScript 实现。DataLoader 提出了一套设计模式，很好地解决了 N+1 问题，同时可以结合对缓存的使用，提高数据读取的效率。

在后续章节中，将以 DataLoader 为主要设计思想，同时结合预解析请求法来进一步优化查询。

10.2　使用 DataLoader

这一节主要讨论如何使用 DataLoader 等技术来批处理和合并重复的数据查询 Key。为简单起见，这里只讨论在开发中最常见的使用 ID 来查询数据的情况。

GraphQL 往往是几个查询操作合并到一起，而且同一个查询操作中会把多个数据一同返回，这就容易出现不同查询操作作用到共同的数据的情况。比如当前用户、某些热门的微博、某些大 V 的用户数据等就很可能重复出现在查询结果中。在 Resolver 函数的实现中，就会反复向数据库等下游服务查询这些重复出现的数据。如果可以合并这些查询，将减小查询开销，降低后端系统的反应延时。

DataLoader 主要针对从 Key-Value 数据存储（可以是缓存、数据库或者其他微服务）中读取数据，也可以让其很好地工作在 MySQL 等关系型数据库上。

10.2.1　DataLoader 的工作模式

在前面的开发中，Resolver 函数使用 DAO 对象来获取数据。这时候，每次获取数据都会产生一个独立的查询发送到数据库等下游服务。那么如何使用 DataLoader 合并这些发往下游服务的数据请求呢？

只需要在每一个 Resolver 函数通过 DAO 对象获取数据的地方，使用 DataLoader 来代替 DAO 去获取自己想要的数据即可。这里强烈推荐使用数据唯一 ID 来获取数据，因为这会让 DataLoader 实现容易很多。

比如说获取微博时间线中，每一条微博都需要其作者的用户数据：

```
query{
  timeline(id:"5d708428010004"){
    posts{
      ...
      author{
        id
        name
      }
    }
  }
}
```

⊖ 见 https://github.com/facebook/dataloader。

对于上面这个 GraphQL 查询，可能会在每一条微博 Post 中都需要获取用户数据，在 Resolve 每一条微博 Post 的作者 Author 字段的时候要使用 DataLoader 来装入数据。

和 DAO 对象的接口定义十分类似，在用户数据的 DataLoader——UserLoader 中提供一个 GetByID 的实现：

```go
func (ul *UserLoader)GetByID(ctx context.Context, id ID)(*model.User,error){
  loader, loaderErr := getLoader(ctx, UserDataLoaderKey)
  if loaderErr != nil {
    return nil, loaderErr
  }
  trunk := loader.Load(ctx, dataloader.StringKey(id))
  user, err := trunk()
  if err != nil {
    return nil, err
  }
  return user, nil
}
```

这里的关键是 loader 中的 Load 函数，它会返回一个 trunk 函数，在需要结果的时候调用 trunk 函数就可以得到数据。但需要注意的是，如果所需数据还没有开始从数据库读取或者正在读取，那么在调用 trunk() 时，当前协程会等待在那里，直到结果被成功装入或者失败。

DataLoader 会把这些传入给 Load 函数的 ID 汇总到一起，形成一个 ID 的数组。然后 DataLoader 会把这个 ID 的数组合并重复元素后交给一个批处理函数进行批量的数据查询。比如在上面例子中，时间线中 6 条微博（表中仅仅列出需要的微博 ID 和作者 ID 数据），见表 10-1。

表 10-1　微博-作者数据表

微博 Post ID	作者 Author ID
1	3
2	2
3	2
4	1
5	7
6	3

那么 DataLoader 汇总后的数组就是[1,2,3,7],也可能是[7,2,3,1]，请读者注意，这时重复的作者 ID 已经被合并。由于 Resolver 函数执行是顺序无关的，DataLoader 不能保证这些 ID 的顺序，所以尽量不要设计一些要依赖这个数组顺序的业务逻辑。

把 DataLoader 的实例通过中间件放在每一个 Http 请求的上下文中，这样能保证 DataLoader 的作用域是在 Http 请求这一级，使得不同请求之间的查询结果不会互相影响。

10.2.2 批处理函数

在得到了 ID 的数组后，DataLoader 把这个数组传递给开发者预先定义批处理函数 Batch Function，也就是下面代码的 userBatchFunc。具体代码如下：

```go
    func (l Loaders) userBatchFunc(ctx context.Context, keys dataloader.
Keys) []*dataloader.Result {
        var results []*dataloader.Result = make([]*dataloader.Result, len(keys))
        stringKeys := extractStringKeys(keys)
        records, err := l.db.UserDAO().GetUserByIds(ctx, stringKeys)

        if err != nil { //查询失败，把失败信息填充给每一个具体的数据结果
          for i := range stringKeys {
            results[i] = &dataloader.Result{Data: nil, Error: err}
          }
          return results
        }


        keyToRecordsIndex := make(map[string]int)
        //create a map for key -> records
        for i, record := range records {
          keyToRecordsIndex[string(record.Id)] = i
        }
        for i, key := range stringKeys {
          recordIndex, ok := keyToRecordsIndex[key]
          if ok {
            results[i]=&dataloader.Result{Data: records[recordIndex], Error: nil}
          } else { //Not found
            results[i]=&dataloader.Result{Data:nil,Error:errors.New("Not found")}
          }
        }
        l.logger.Debugw("User Data Loader", "keys",keys,"results", results)
        return results
    }
```

对于每一种数据（比如微博、用户等），需要自己实现一个 Batch Function（批处理函数）。在批处理函数中，根据传入的 Keys 列表（一般就是 ID 列表）来执行数据库查询或者调取下游服务，并把结果放在一个数组中返回。开发者需要注意，返回结果数组的顺序需要与 Keys 列表的顺序相同。

同时，在批处理函数中，还需要处理出错的情况。例如，如果用户 ID:7 不存在，就需要返回对应的出错信息 Not found 在返回结果数组对应的位置上。在后面会详细讨论出错的情况。

10.2.3　DataLoader 与下游服务

使用 DataLoader 执行数据库查询或者调取下游微服务分为两种情况：

（1）下游服务支持 batch 查询。

这种情况要把多个 Key 放在一个查询里发送给数据库等下游服务。但应该注意，如果处理的 Key 数量超过了下游服务所支持的最大批处理数，就需要进行分批处理。例如某下游服务每次只能最多处理 50 个 Key，而现在传入批处理函数中的 Keys 数值中包含 200 个 Key，此时就要分为 4 批次，每批次 50 个 Key 进行处理。这种情况下，有些开发者可能会考虑让这些批次并行执行，这是可行的，但开发者要注意下游服务的负载能力，不要一次发送过多的请求，造成成功率下降或者被限流等问题。

（2）下游微服务不支持 batch。

一个 key 对应一个查询，有多少 Key 就有多少查询。在这种情况下，可以把这些对单个 Key 的查询进行并行执行，以提高查询效率。同样地，也还是需要考虑下游服务的负载能力。

10.2.4　批处理函数对于 error 的处理

由于多条查询可能会被合并为一条查询，如果这条查询出错，等于所有的数据查询全部不成功，所以要用合并后查询的出错信息，填充所有查询的结果。

很多开发者会遇到以下几种常见出错情况：

- 不合法的数据 ID。
- 脏数据造成 OR-Mapping 失败。
- 返回数据量过大造成频繁超时。

在这样的情况下，可以通过对数据 ID 进行验证、清理数据库中的脏数据和缩小批处理的批次大小等方式来提高查询的成功率。

成功获得结果列表后，还需要考虑对于不存在数据的处理。比如要查询的数据是 [1,2,3,7]，如果 ID:3 数据不存在，那得到的结果集很可能是[{id:1, ...}, {id:2,..}, {id:7,...}]。如果把这样的结果列表返回给 DataLoader，DataLoader 会误以为 ID:3 返回的结果是 ID:7 的，而 ID:7 的结果不存在。可以想象，这样就会造成很大的混乱，甚至敏感信息的泄露。

开发者还需要考虑数据库或者下游服务返回结果的顺序很可能不等同于 ID 列表的顺序。返回结果集的顺序很可能是打乱的，如果不进行额外处理，DataLoader 同样会把错误的数据返回给 Resolver。所以在上面的代码实现中，使用了一个 Map 结构——keyToRecordsIndex 来建立 ID 和数组 Index 的一一对应关系。

10.2.5　为每个 Http 请求创建 DataLoader

在讨论了 DataLoader 的工作方式和批处理函数后，还需要为每一个 Http 请求创建自己的 DataLoader。很多读者应该已经想到，可以使用中间件和上下文。

和用户权限验证以及数据库会话中间件的设计十分类似，也是通过在上下文中附加新的信息——也就是 DataLoader 实例，然后传递给后面的 Http 中间件。一起看中间件的代码：

```go
func AttachLoader(loaders loader.Loaders) Filter {
  return func(next http.Handler) http.Handler {
    return http.HandlerFunc(func(res http.ResponseWriter, req *http.Request) {
      //附加中间件到上下文中
      ctx := loaders.Attach(req.Context())
      //把新派生的上下文向下传递
      next.ServeHTTP(res, req.WithContext(ctx))
    })
  }
}
```

再来看如何把一个新创建的 DataLoader 实例附加到上下文中，也就是上面代码中 Attach 方法的实现：

```go
func (l Loaders) Attach(ctx context.Context) context.Context {
  ctx = context.WithValue(
    ctx,
    UserDataLoaderKey,
    dataloader.NewBatchedLoader(l.userBatchFunc),
  )
  return ctx
}
```

这里使用了前面讨论过的装入用户数据的批处理函数 l.userBatchFunc 来创建一个 DataLoader 实例。UserDataLoaderKey 是预先定义的常量，用于作为上下文中的 Key。开发者可以自由设定，但是要避免重复。具体定义如下：

```go
const (
  UserDataLoaderKey = "user-data-loader-key"
)
```

在需要使用 DataLoader 的时候，就像前面介绍的 GetByID 函数一样，使用下面代码从上下文中得到一个属于当前 Http 请求的 DataLoader 实例：

```go
loader, loaderErr := getLoader(ctx, UserDataLoaderKey)
```

以下是 getLoader 方法的完整实现：

```go
func getLoader(ctx context.Context, key string) (*dataloader.Loader, error) {
  loader, ok := ctx.Value(key).(*dataloader.Loader)

  if !ok {
    return nil, fmt.Errorf("data loader %s does not exist in request's context", key)
  }
```

```
    return loader, nil
}
```

10.3 使用 Cache

 需求 获取用户好友列表的性能问题还是没有完全解决，DBA 反映数据库访问压力过大。

在前面章节已经讨论了如何使用 DataLoader 来解决 N+1 问题和合并查询，还讨论了如何在客户端使用 Cache，但仅仅解决 N+1 问题、合并查询以及在客户端使用缓存还是不够的。因为可能有成千上万个客户端同时访问服务器端，仍然会给数据库服务器产生大量的数据查询压力，而数据库服务器也往往是移动互联网时代分布式系统的瓶颈。

对于这种情况，往往使用 Cache（缓存）技术来减轻数据库服务压力。因为 Cache 的响应速度一般要优于数据库，而且相对于数据库，Cache 读取和写入的逻辑往往更简单，这使得 Cache 更利于水平扩展，可以通过部署更多的 Cache 服务器来承受更大的访问量。而数据库的水平扩展能力往往落后于 Cache，又比较容易成为系统的瓶颈。所以即便有时候数据库已经可以提供近似 Cache 的访问速度，仍然会使用 Cache，来分散数据库的压力。

绝大多数 Cache 都是采用 Key-Value 存储，在实际应用中，一般使用 ID 作为 Key。基于这个特点，Cache 可以很好地和前面介绍的 DataLoader 结合使用。

前面讨论过，在使用 DataLoader 后，可以汇总一次 GraphQL 查询中所需对象的 ID，得到一个列表。在有了这个 ID 列表之后，可以先向 Cache 请求这些数据，对于命中 Cache 的 ID，直接在 Cache 中读取。对于不命中 Cache 的数据，才去数据库读取。

Q&A 什么是 Cache 命中？

一般来说，会在比较快的存储介质（比如内存）上实现 Cache。较快的存储介质可能会比较昂贵或者有容量的限制，所以会通过一些预先制定的策略，只把那些比较常用的数据放在 Cache 中。对于客户端的数据请求，就分为两种情况：请求的数据碰巧在 Cache 中和请求的数据不在 Cache 中。前一种情况称为 Cache 命中。

10.3.1 GraphQL 与 RESTful API 对缓存的不同设计

很多基于 RESTful API 的服务可以采用一种非常简单且非常有效的缓存策略，就是使用客户端请求的 URL 进行缓存。和 RESTful API 不同，在 GraphQL 中很难使用 URL 这种简单唯一标识对数据进行缓存。

GraphQL 最主要的缓存策略是对每一个数据对象都提供唯一标识 ID，然后使用 ID 作为缓存的 Key。

尽管现在越来越多的新系统使用 UUID 和 Snowflake ID 等全局唯一的标识来作为数据的 ID，但对于很多陈旧的数据库以及一些有特殊需要的场景，使用单调递增的数字 ID 还是广泛存在的。和 UUID 不同，如果使用递增数字 ID 来作为缓存的 Key，就需要解决不同类型数据 Key 冲突的问题，比如说 User 和 Product 两种数据都可能存在 ID 为 123 的记录。

在这种情况下可以简单地使用"类型+数字 ID"的形式。

10.3.2　Memcached 的查询与优化

Memcached 是一种久经考验的高性能分布式内存缓存实现，是目前互联网行业最广泛使用的缓存技术。Memcached 用 C 语言实现，采用多线程，非阻塞 IO 复用模型，可以充分发挥多核服务器的优势。大型 Memcached 集群能承受每日千亿级以上的访问，是世界顶级互联网企业的必备技术，Twitter 和 Facebook 的服务器端更是离不开 Memcached，甚至只要 Memcached 的命中率下降几个百分点，造成的后果都可能是灾难性的。

Memcached 可以部署在一个、几个、几十个甚至几万个服务器节点上。每个节点之间互相并不通信，也不需要对数据进行任何同步，每个 Memcached 节点也不知道其他节点在干什么。尽管 Memcached 集群形如一盘散沙，但因为其存储模型是异常简单的 Key-Value 模型，可以在客户端根据 Key 的 Hash 值来决定去哪个 Memcached 节点读取数据。这是一种非常轻量级的分布式实现，Memcached 客户端会负责 Hash 和分发的算法，用户不需要操心。

Memcached 只支持文本型和二进制型两种数据。很多读者会问，如果想缓存 GraphQL 数据对象这种复杂类型怎么办？可以把数据序列化成 JSON、thrift、Protobuf 等形式。

需要注意的是 Memcached 的所有数据都放在内存中，并不提供任何持久化的支持。也就是说，如果把服务器关了或者重启了，Memcached 中保存的数据就消失了。所以说，并不能使用 Memcached 来代替数据库等持久化技术作为数据存储，Memcached 只是应用于服务和数据库之间的缓存方案。

DataLoader 汇总了需要的数据 ID——也就是 Memcached 的 Key，为了减少网络传输的开销，可以一次性地从 Memcached 服务获取多个 Key 的数据。以 Go 语言的 Memcached 客户端[○]为例，可以使用下面的方法，对于非字符串类型的 ID，要先转换到字符串：

```
func (c *Client) GetMulti(keys []string) (map[string]*Item, error)
```

对于没有命中的数据，一般会访问数据库等持久化服务获得。从数据库成功获得了数据之后，最好还要更新 Memcached，这样下次其他请求访问同样的数据时，就可以命中缓存了，具体代码如下：

```
Set(&memcache.Item{Key: id, Value: data, Expiration: 3600})
```

上面代码中的 data，就是从数据库得到的数据，它会被放入缓存中。需要注意数据的过期时间的设置，这里设置为 3600s，也就是 1h。

尽管使用了过期时间的设置，为了保证 Cache 中数据和数据库中数据的一致，还是需要在 GraphQL 的修改操作中，更新对应的 Cache 数据。其实这里的数据过期设置，是为了更好地提高缓存的使用效率，让不常用的数据可以更容易地被缓存弹出（Evict）。

○ 可以使用 go get github.com/bradfitz/gomemcache/memcache 获得该客户端。

10.3.3 Redis 的查询与优化

Redis 也是一种高性能的、基于内存存储的数据库/缓存技术，与 Memcached 相比，Redis 提供了数据持久化的支持，也就是说，服务器掉电后，数据不会完全丢失⊖。Redis 采用的是单线程 IO 复用模型。

在把 Redis 当作缓存使用时，由于 Redis 也是采用 Key-Value 的存储模式，所以可以使用和 Memcache 相同的缓存策略。

如果开发者想把 Redis 当作持久化存储的数据库来使用，请看 10.4 节。

10.4 NoSQL 与下游服务的数据库查询与优化

NoSQL 存储的特点和 Cache 类似，也采用 Key-Value 方式存储数据。

目前，NoSQL 存在多种实现方式，比较流行的是 MongoDB 和 Cassandra。

10.4.1 使用内嵌对象存储数据

在 GraphQL 表达一对一或者一对多的关系时，可以使用内嵌对象 Embedded Object/Document 的方式来存储数据。使用这种方式在很多时候可以减少 GraphQL 服务发往数据库的查询次数，降低数据库服务器的访问压力。

以用户发文 Post 和作者 Author 为例，可以把作者的部分常用信息嵌入在用户发文 Post 的数据库存储中。代码如下：

```
{
_id: "00001"  //用户发文 ID
author: {
        _id: "00005"  //作者 ID
        name: "beinan"
}
//其他 Post 所需字段
}
```

这时数据是集簇存储的，也就是说，当读取用户发文 Post 的信息时，无须额外的查询，就可以同时读取该发文的作者信息。但要注意数据的层级，比如从每一个 Post 可以读取内嵌的作者的信息，但是内嵌的作者信息是有限的，如果想继续读取这个作者的其他信息，例如该作者的所有发文等，内嵌对象就不能提供了。

不过，每次通过用户发文读取的作者信息，都是获取一些作者名字和 ID 等常用信息，对于很多应用场景，这种使用内嵌对象的存储方式足以应付了。

其他适合使用内嵌对象的应用场景是：

● 用户 -> 地址

⊖ Redis 提供不同的持久化模式，有兴趣的读者可以阅读 https://redis.io/topics/persistence。

● 订单 -> 订单条目
● 微博 -> 微博贴图

动动脑：使用内嵌对象存储时，如果内嵌对象数据发生修改，如何应对？比如用户 A 是 5000 篇博文的作者，他要修改自己的昵称，如何更新他的 5000 篇博文呢？

10.4.2 使用对象引用存储数据

这是本书在讲述数据关系间模式时就介绍过的存储方式，每篇用户发文的数据不再保存一个内嵌的作者用户数据对象，而是只保存作者的用户 ID。这时数据是分散存储的，也就是说，在获取用户发文的数据后，还需要再进行一次额外的数据库查询，才可以获得作者的信息。相对来说，这种存储方式，会增加数据库查询的数量，但是面对用户数据发生修改的情况时，会更加从容。

在这种情况下，前面介绍的 DataLoader 和缓存技术，就可以比较好地发挥作用。开发者要注意使用 DataLoader 和缓存来减轻数据库的压力。

10.4.3 基于列 Column 存储的数据建模

对于基于列的 NoSQL 数据库，例如 Cassandra 等，使用 ID 来获取数据是非常容易的，不再赘述。这里只来看如何使用列 Column 来表达一对多和多对多的关系。

首先，使用类似 SQL 数据库中的关系表模型，在基于列存储的数据库中，也许不是个好设计。以好友关系为例，如果采用关系表模型，会得到表 10-2 所展示的结构。

表 10-2 使用 SQL 关系表来设计 NoSQL 数据库

Row_id	From_user_id	To_user_id
1	From_user_id:3	To_user_id:5
2	From_user_id:3	To_user_id:7
3	From_user_id:7	To_user_id:3

表 10-2 中的每一行，都会存在两列，From_user_id 和 To_user_id。但这时候该如何找到用户 3 的所有好友呢？注意，如果全集合扫描 From_user_id，对于很多基于列存储的 NoSQL 数据库来说，效率是很低的。

这里要充分利用每一行（Row）可以有几乎无限个列的特点。为每个用户创建一行，然后以 To_user_id 的值为列名，有多少好友，就有多少列。比如表 10-3 中，用户 3 就有两个好友，而用户 7 有一个好友。所有列名（冒号前为列名，冒号后为列值）的列表，也就是该用户好友 ID 的列表。

表 10-3 使用列名的 NoSQL 关系表设计

Row_id	To_user_id	To_user_id	To_user_id
3	5: {}	7: {}	…
7	3: {}		…

在这种模型下，如表 10-4 所示，还可以结合内嵌对象数据的方式来存储每个用户的名字。

表 10-4　在 NoSQL 关系表中使用内嵌对象

Row_id	To_user_id	To_user_id	To_user_id
3	5: {name: 小明}	7: {name: 小芳}	…
7	3: {name: 小刚}		…

可以根据应用的实际情况来内嵌合适的数据。比如表 10-4 中内嵌的 name 就可以在得到好友 id 列表的同时，还可以得到好友的名字。

如何实现以好友关系建立时间排序进行好友分页？

提示：使用 {timestamp}:{user_id} 作为列名和游标。

10.4.4　下游服务数据源的优化

GraphQL 提供了一个门户，在门户内，可以使用多样化的实现来为客户端提供数据。有时候数据可能来自其他平台，或者其他的服务，例如 RESTful API。一般来说，这些数据库服务 API 都会提供通过 ID 获取数据的 Endpoint，通过简单的映射，就可以完成对这些数据源的调用。

10.5　SQL 数据库的数据查询合并与优化

SQL 数据库可以为开发者提供非常丰富且强大的查询功能，是互联网行业和传统 IT 企业都非常喜爱使用的数据库。但是其强大的查询功能也为 GraphQL 后端的优化带来了一定的困难。

10.5.1　基于 Key-Value 设计的 SQL 数据库优化

既然优化的困难是 SQL 数据库强大的查询功能带来的，那是否可以限制使用 SQL 数据库的查询功能，来降低数据库层面的优化难度呢？

由于 SQL 数据库有主键这个特性，可以让主键来对应 NoSql 中的 Key。所以在 SQL 数据库的设计过程中，可以采用 主键-记录 的模型来进行与 NoSQL 相似的设计。现在越来越多的高并发互联网项目，都开始在 SQL 数据库中采用以 主键-记录 为主要的存储方式，来提高数据库这一层的水平扩展能力。对于这种设计方式，可以采用与前面章节提到过的 NoSQL 类似的优化方式。

这种优化方式适合移动互联网行业的新项目，对复杂查询依赖不高，可以使用 Key-Value 的查询方式解决绝大部分的问题。但是对于传统 IT 行业或者比较老的项目，这种做法就不是很适用了。

10.5.2 基于传统数据库查询的数据库优化

对于还在使用传统 SQL 数据库表设计的项目，首要解决的问题就是 SQL 中的 join 操作。虽然现在互联网行业有很多对使用 join 的反面意见，但在很多场景，使用 join 来获取数据还是极为方便的，而且可以减少查询的次数。

著名例子：学生 - 学校多对多查询。

方案 1：使用中间翻译层，把 GraphQL 直接转换为一条大 SQL 查询。

优点：简单直接，后端程序员工作量很小。

缺点：不容易使用 Memcached 等缓存技术。对于移动互联网应用，当访问量大增，数据库成为系统的主要瓶颈时，这个缺点是不能忍受的。

适用场景：访问量稳定且可预知的企业内部应用。

方案 2：使用 DataLoader，在 DataLoader 的批处理函数中根据传入的参数生成 SQL 查询。

前面讨论过，DataLoader 的批处理函数可以接收 Key 的数组，那在做通过学生来装入学校的 DataLoader 时，可以把 user:{user_id}作为 Key 传入。那么在批处理函数中，如果发现传入的 Key 是 user:打头的，我们就知道，这个查询是需要通过 join 来进行的。就可以根据传入的 user_id 来生成针对学校的查询，例如：

```
Select * from School
inner join StuSchoolRelation on StuSchoolRelation .userId= 001 and
StuSchoolRelation .schoolID= School.id
```

上面查询就会返回所有用户 001 的学校。可以把结果集放在缓存中，如果其他查询操作也用到用户 001 的学校，就可以直接从缓存中读取。

优点：容易结合缓存。

缺点：后端开发的要求和强度较大。优化措施不具备通用性，要针对具体数据模型关系具体实现。

使用场景：对于访问量有可能激增的移动互联网应用。

10.5.3 高并发下的 SQL 数据查询瓶颈

这一节就看看如果采用传统的关系型数据库查询来获取微博时间线数据会有什么问题。

前面讨论过，对于一个微博网站，需要得到一个用户发的所有的博文，这很简单，用如下的 SQL 查询一次解决：

```
Select * from Post where authorId = 001
```

这里假定每个帖子里的数据都保存一个作者的用户 id 在 author Id 字段里，这种设计很常见，只需要在 authorId 中使用索引，这个查询的执行效率是不低的。

但仅仅读取当前用户的博文是不够的，把需求进一步拓展，来看最简单的时间线需求。读取当前用户 001 所有好友发的博文，这个用 SQL 也能实现，但有些复杂。具体代码如下：

```
Select * from Post
inner join FriendRelationship on FriendRelationship.fromId = 001 and
FriendRelationship.toId = Post.authorId
```

这时候这个 SQL 查询虽然复杂了些，但对于数据库经验比较丰富的开发者来说，还是比较容易读懂的。不过这种 SQL 查询对于数据库的水平扩展能力有比较大的限制。比如有人有几千几万个好友，这些博文和好友关系来自多个数据库节点，那么在数据库节点中进行 join 操作的开销还是很大的。

把问题进一步深化，要实现"受保护"博文功能。

 需求　　一篇博文可以设置一个白名单，只有在白名单中的用户才可以看到该博文。

设计一个白名单关系表 PostWhiteList，只需要两个字段 postId 和 userId，每当用户需要对一篇博文指定一个用户，白名单里就多一条记录。比如：

postId	userId
001	003
001	007

以上数据就代表了博文 001 可以被两个用户 003 和 007 看到。在有了白名单表之后，查询就变的复杂了。具体代码如下：

```
select * from Post
inner join FriendRelationship on FriendRelationship.fromId = 001 and
FriendRelationship.toId = Post.authorId
inner join PostWhiteList.postId = Post.id and PostWhiteList.userId = 001
```

这种利用 join 跨表获取数据的方式是需要格外小心的。当需求不断增加，这个 SQL 查询会不断地加长，逐渐会达到一个谁也读不懂且谁也不敢动的地步。也正是因为如此，阿里巴巴公司最近发布了一套 Java 开发的代码规范[⊖]，这种 join 的层数是要被严格限定的，该规范绝对禁止三张表在一起 join。且不说这个代码规范如何，就说这段 SQL 查询的可维护性以及优化的难度，还有如何来使用缓存，就足以让很多读者望而却步了。尤其是当数据分片后，这种 join 查询会给数据库服务器的实现带来很大的难度和压力。

 Project　　既然这种方式不好，而 GraphQL 又需要同时在多个数据库表或者数据集中以某种条件获得数据，那该如何设计呢？

提示：可以设计额外的多对多关系。

⊖《阿里巴巴 Java 开发手册》，杨冠宝，电子工业出版社。

10.6 GraphQL 与大数据和机器学习

大数据的"大"不仅仅指数据量的大，更多的是在于数据关系的复杂，而且有些数据关系很多时候会是隐晦不明的。

大数据和机器学习算法往往比较关注数据的存储和获取方式：

（1）数据存储

1）实时在线数据存储。

例如 Mysql，MongoDB，Memcached，Redis 等数据库或者缓存技术。当需要获取某个特定的数据对象的时候，比如用户小明的年纪或者小明最新的博文等数据时，这种数据源会提供非常低的响应延时和比较好的并发能力。

2）离线数据存储。

例如耳熟能详的 Hadoop。当需要对海量数据进行整体的分析时，如果想知道某人一生的写作用了多少个单词或者某网站用户每日平均的在线时间等，这种数据源给用户提供了良好的支撑（Capacity）。

一般来说，会把历史数据/归档（Archive）数据放入离线数据存储。而且使用离线数据存储的数据处理任务往往对处理时间要求不高，可以让这些任务放在那里运行几个小时甚至几个星期都没有问题。

3）准实时数据流。

可以使用 Kafka 等分布式队列，延时介于上面提到的两者之间，一般会有几十毫秒到几十秒的延时。

（2）数据获取

1）直接访问数据源。

2）通过调取 GraphQL 在线服务。

10.6.1 使用 GraphQL 获取实时数据

现在越来越多的大数据产品和机器学习项目更渴望得到实时数据。而 GraphQL 后端服务，正是这种实时的数据源。

大数据与机器学习访问 GraphQL 的特点主要有以下几点：

（1）批次大

很多大数据和机器学习算法都倾向于一次请求读取相对较多的数据对象。这是 GraphQL 非常擅长的，但也为 GraphQL 后端服务带来了很大的访问压力。

（2）频率高

在大数据和机器学习的算法运行期间，如果不进行限定，它们会发送高频的数据请求。

（3）访问历史数据

很多大数据和机器学习的数据请求往往包含一些比较老旧的数据。这些数据可能已经不在缓存中（一般认为普通用户会更多地访问比较新的数据，所以缓存中也会以新数据为主）。而访问了老旧数据后，在一般的缓存策略下，这些老旧的数据会进入缓存。这就有可能会"污染"缓存内容（因为机器学习所需的数据，可能不是普通用户经常需要访问的），从而降低缓存命中率，增大数据库访问压力。

10.6.2　获取大批次对象团的问题

不少机器学习和大数据算法在运行过程中往往需要通过 GraphQL 获取大批次的对象团，这种操作会带来以下的问题。

（1）产生大量的下游服务访问。

这种情况往往是前文所介绍的 DataLoader 所不能优化的。因为和普通用户正常访问不同，机器学习算法毕竟是个程序，它知道什么数据已经有了，什么数据还没有，所以就不太会在一个请求中调取相同的数据。

一般建议开发者对 GraphQL 最大对象团的大小进行限制，比如每一页最多不能超过 200 条数据，总查询操作数不能超过 50 等。

同时要注意对下游服务——数据库的访问压力不要过大，可以采用一些 Rate Limiting 的方式。比如每个 GraphQL 服务节点最多每秒钟访问 100 次数据库，如果超过，就等待或者返回错误。

（2）占用数据库连接。

如果开发者采用前文中介绍的数据，把多个数据库查询拼凑到一起作为一个 Batch 来处理。那么就需要注意一次数据库查询传输的数据可能过大。如果一个 GraphQL 后端节点对数据库所有访问是共享一个 Socket 连接，这时过大的数据库返回结果可能会影响该节点其他数据库访问的响应延时。

为解决这个问题，开发者可以"克隆"出一个新的 Socket 连接到数据库，专门处理这些比较大的查询请求。不过这种做法需要注意数据库服务器端是否可以接纳额外的 Socket 连接。

（3）大字符串解析对 CPU 占用的问题

这种问题在老旧的硬件平台上经常出现。比较简单且最有效的解决方法是升级服务器的 CPU。

有些读者可能会想到使用 Cache 来缓存一些中间处理的字符串结果。本书作者也曾经尝试如此优化，这就需要结合具体的应用场景进行具体的优化。

10.6.3　高频访问 GraphQL 服务的问题

在生产环境中，很多机器学习和大数据算法有可能会发送高频的 GraphQL 请求到服务器端，这会造成以下的问题。

（1）缓存污染的问题。

对于一般的缓存策略来说，高频的访问数据会驻留在 Cache 中。但前面讲过，机器学习所要的数据往往不是普通用户需要的。如果机器学习所需的数据长期驻留在缓存中，势必"挤出"普通用户所需的数据，从而增加了普通用户访问数据服务的延时，也就是前面提到的"污染"问题。

为解决这个问题，可以在机器学习的请求中，增加一个只有自己知道的 Http 头用以区分此类的请求。这样一来，就可以选择不缓存机器学习所需数据，或者把机器学习所需数据放入独立的缓存中，以减少"污染"。

（2）下游服务 Rate Limiting 的问题。

下游服务出于保护自己的目的，往往会设置一些 Rate Limiting 的策略，比如每分钟最多访问 100 次等。这在使用第三方的下游数据服务时尤为常见。所以在机器学习算法运行期间，就会非常容易地触发 Rate Limiting 的情况。一旦某个下游服务的访问被 Rate Limiting，那么其他普通用户的正常访问就会受到影响。

为解决此类问题，可以采用优先级的策略，让普通用户请求拥有更高的优先级。在每个单位时间，GraphQL 层优先发送来自普通用户的数据请求到下游服务。但如果 Rate Limiting 周期较长，一旦某个机器学习的请求早于普通用户请求，这种时候是很难处理的。

还有一种办法是为机器学习请求使用独立的 API Key，这样机器学习请求和普通用户请求就会分别计数，从而避免互相影响。

10.6.4　GraphQL 应用的数据采集

GraphQL 服务的数据采集方式很多，可以方便地整合 Scribe⊖、Flume⊖以及 Kafka⊜等技术进行数据采集，具体方式请读者参考具体技术的官方文档。本节只关注 GraphQL 的特殊性所带来的数据采集的问题。

难点 1：采集点比较分散。

一般会在 Resolver 函数中进行数据采集。比如某用户请求某种商品，或者对某种商品进行下单操作，就可以在对应的 Resolver 中进行相应的数据采集。

从前面 N+1 等问题的讨论中，应该可以想到，一些结构比较复杂的 GraphQL 请求可能会产生大量的数据采集请求。所以在必要的时候，可能需要对数据采集请求进行合并。

难点 2：服务器端不知道请求的目的。

例如电商网站需要提供一个商品比较的功能，用户可以自由选择两样商品进行比较。那可能会在一个 GraphQL 请求中，同时获取两种商品的信息。这并不需要后端做出任何改动，甚至后端 GraphQL 服务都不需要知道前端有这样的功能，可这就对数据采集造成了困难。

因为并没有为商品比较这个需求新建一个 Endpoint，也就是说，服务器端并不知道是要做商品比较，只知道用户要请求两条或几条商品的具体信息而已。类似的请求可能来自很多地方，例如商品列表、购物车、以及刚刚提到的比较商品功能等。

⊖ https://en.wikipedia.org/wiki/Scribe_(log_server)。

⊖ http://flume.apache.org/。

⊜ https://kafka.apache.org/。

但对于大数据产品和机器学习算法来说，可能很重视用户请求的目的。于是需要前端定义并提供数据采集的上下文 Context，上下文可以放入 Http 请求头中。例如在 Http 头中加入：

```
Request-context: "商品比较"
Request-id: "xxxx-xxxx-xxxx-xxxx-xxxx"
```

然后在 Http 中间件中，把上面的两条信息加入 Http 请求的上下文中。做好这一切后，就可以在商品数据的 Resolver 函数中的上下文得到想要的数据，并把这些数据发送给 Scribe 等数据采集服务。

第 11 章

测试与部署

导读：本章主要解决的问题

- 如何自动测试 GraphQL 服务？
- 如何搭建和部署开发和生产环境？

本章主要讨论 GraphQL 的测试以及部署的相关问题。学了前面的内容，相信读者已经充分了解了 GraphQL 查询的灵活性，可以在一条 GraphQL 的查询里，进行各种各样的组合。但这种灵活性给测试带来了难度，该如何测试 GraphQL 服务，才能保证功能的正确性以及性能没有下降呢？

阅读本章前的准备：

● 了解 Docker 的基本概念。

● 了解并安装 Docker-compose。

11.1 单元测试

这一节主要讨论如何借助依赖注入（Dependency Injection）的设计模式，让 GraphQL 的 Resolver 函数更容易进行单元测试。

11.1.1 在 Resolver 函数中使用依赖注入

在 Resolver 中，开发者一般会使用访问数据库等模块。而单元测试的目的只是关注某个具体的单元，所以在为 Resolver 编写单元测试代码的时候，开发者往往希望把 Resolver 和其他模块的耦合关系解开，使其可以方便独立地进行测试。

那就来看看如何使用依赖注入（Dependency Injection）的方式来编写 Resolver 函数。首先在根 Resolver 中，把需要的其他功能模块，比如访问用户数据的 UserService 和管理好友关系的 FriendRelationService 来作为根 Resolver 结构的成员变量。代码如下：

```
type Resolver struct {
  UserService           service.UserService
  FriendRelationService service.FriendRelationService
  …
}
```

那么在根 Resolver 初始化的时候，传入所需的功能模块的具体实现。代码如下：

```
//先初始化所依赖的其他功能模块
var userDAO = &service.UserDAO{Reader: store.MongoStore}
var friendService = &service.FriendRelationDAO{
  Reader: store.RedisStore,
  Writer: store.RedisStore,
}
//把刚才初始化好的功能模块注入 Resolver 中
var graphql_schema *graphql.Schema = graphql.MustParseSchema(
  schema.Schema,
  &resolver.Resolver{
    UserService:           userDAO,
    FriendRelationService: friendService,
```

```
  },
  )
```

这样就实现了一个非常简单的 Resovler 依赖关系的反向控制（IOC）。在测试代码中，可以如法炮制。唯一的区别是，在单元测试中不需要连接真正的数据访问模块，可以使用 Mock 对象的概念。

11.1.2 创建 Mock 对象

使用了依赖注入的方式，可以让 Resolver 和其他功能模块解耦。但是在实际测试中，还是无法阻挡 Resolver 调用这些功能模块而获取数据。所以就需要提供一套"傀儡"功能模块，这些"傀儡"功能模块可以根据测试代码的需要返回虚假的数据。这种"傀儡"技术，也就是下面要谈到的 Mock 对象。

为 UserService 创建 Mock 对象，实现两个虚假的 Mock 方法——GetByID 和 GetByIDs。这样在 Resolver 函数中如果使用这两个方法，Resolver 函数就不会真正访问数据库，而是会使用 Mock 方法，来得到假数据。

```go
type MockedUserService struct {
  t *testing.T
}

func (mo *MockedUserService) GetByID(ctx context.Context, id ID)(*User,
error) {
  mo.t.Logf("Mocked user service get user by id: %v", id)
  user := &User{  //定义假数据
    Id:   "123",
    Name: "Mocked Return",
  }
  return user, nil
}

func(mo *MockedUserService) GetByIDs(ctx context.Context,ids[]ID) ([]User,
error) {
  mo.t.Logf("Mocked user service get user by id: %v", ids)

  users := []User{  //定义假数据
    User{
      Id:   "123",
      Name: "Mocked Return",
    },
  }
  return users, nil
}
```

11.1.3　编写单元测试代码

有了前面依赖注入和 Mock 对象的实现，测试代码就比较容易实现了。为每一个具体的查询操作的 Resolver 函数编写测试用例。下面以 GetUser 操作为例，大致分为以下四个步骤：

1）创建 Resolver 对象

这里要注入前面定义的 Mock 对象。

2）初始化查询参数

比如 GetUser 查询会需要客户端传入用户 ID。

3）调用 Resolver 函数

4）验证返回结果

要验证返回的结果和 Mock 对象返回的结果相同。这表明 Resolver 函数真实调用了其他功能模块，并如实使用并返回其他功能模块的结果。

```go
func TestGetUserResolver(t *testing.T) {
    t.Logf("Testing get user resolver.")
    resolver := Resolver{
    UserService: &MockedUserService{t},
    …//注入其他 MockObject
    }

    input := &struct { //初始化查询参数
      Id graphql.ID
    }{graphql.ID("123")}
    //调用 Resolver 函数
    userResolver, err := resolver.GetUser(
    context.Background(), input)
     //验证返回结果
    if userResolver.user.Name != "Mocked Return" {
      t.Errorf("Get user resolver returns incorrect result %v",
userResolver.user.Name)
    }
    if err != nil {
      t.Errorf("Get user resolver return unexpected error: %v", err)
    }
}
```

动动手：如何测试其他功能模块返回错误的情况？比如所要查询的用户不存在。

提示：在 Mock 对象中返回错误信息。

如果希望测试连接数据库等下游服务的真实情况，又该如何做呢？请看下一节——集成测试。

11.2　集成测试

单元测试可以保证每一个功能单元的正确性。但是又该如何保证这些功能单元是妥善连接在一起，它们之间的联系没有中断或者出错呢？那就需要这一节讲到的集成测试来保证。

11.2.1　准备环境

让几个或者全部的功能单元连接到一起有多种方式。为简单起见，只关心 GraphQL 相关的集成测试，于是部署一个集成测试 GraphQL 服务和若干与之相连的数据库和 RESTful 服务等，如图 11-1 所示。

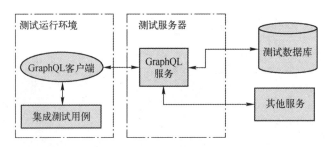

图 11-1　集成测试环境搭建

图 11-1 中的测试环境是为了验证 GraphQL 服务和数据库等其他服务是否正确连接到了一起。从图中可以发现，需要准备所有 GraphQL 的下游服务——测试数据库以及所需的其他服务。一般不使用正在运行的生产环境数据库进行集成测试。尽管的确存在一些公司使用生产环境数据库进行集成测试，但开发者需要注意处理对生产环境数据库写入测试数据产生的不良影响。把需要测试的含有最新代码的 GraphQL 服务部署到测试服务器上，并通过后续介绍的 GraphQL 客户端来执行预先设计好的集成测试用例。

11.2.2　准备客户端

理论上可以使用带有 Http 客户端的编程语言来连接测试服务器进行测试，但这样就需要自己来构建 GraphQL 的查询请求和解析返回结果。所以开发者一般会使用现成的 GraphQL 客户端。以 Go 语言为例，可以使用 MachineBox 的客户端⊖。

首先使用 GraphQL 客户端构建 GraphQL 查询请求，以 getUser 这个查询为例：

```
req := graphql.NewRequest(`
  query ($id: String!) {
    getUser (id:$id) {
      id
```

⊖ 在 https://github.com/machinebox/graphql 获得。

```
            name
        }
    }
)
```

可以看到在请求中使用了变量$id，下面通过变量$id 来实现不同的测试用例。然后初始化客户端，需要注意使用正确的用于集成测试的 GraphQL 服务地址。代码如下：

```
client := graphql.NewClient("http://localhost/graphql")
```

有了客户端，也就是上面代码中的 client 变量，就可以调用客户端的 Run 成员函数来测试服务器上的 GraphQL 服务。

11.2.3　编写测试用例并验证结果

先定义返回结果的数据类型，读者根据自己的实际情况调整，要点是定义的数据类型结构需要和 GraphQL 的返回数据结构一致。代码如下：

```
type userResponse struct {
    Id     string
    Name   string
}
```

然后就可以和前面介绍的编写单元测试的方式一样来编写集成测试用例了。设计一个从 GraphQL 服务中获取用户 001，并验证用户名是否为"beinan"的测试用例如下：

```
func TestGetUserResolver(t *testing.T) {
    ctx := context.Background()
    var res userResponse
    req.Var("id", "001")
    if err := client.Run(ctx, req, &res); err != nil {
        log.Fatal(err)
    }
    if res.Name != "beinan" {
        t.Errorf("期望得到用户名 beinan, 实际得到 %v", res.Name)
    }
}
```

这里采用了 Go 自带的测试功能，在实际项目中，开发者可以采用自己喜欢的第三方测试框架来获得更好的开发体验。

11.2.4　持续集成

读者通过前文的阅读会发现准备并运行集成测试还是有些麻烦的。而且希望尽早测试，最好是在每次代码发生改动后，就能开始测试，早发现问题。

Q&A　　　为什么要尽早进行测试？

这也是来自软件业的教训。很多年前，很多项目是在发布前，集中进行测试。这时候发现了问题，如果是小修小改还好，如果是伤筋动骨的改动，就可能会来不及完成任务，形成很大的隐患。

图 11-2 描述的就是持续集成的流程图。当一个新功能需要开发，或者 QA 工程师发现了一个 Bug，程序员在开发环境中创建一个 Git 分支，并完成了代码修改。在程序员提交代码后，自动化持续集成环境侦测到新的代码提交，会启动一个自动运行的持续集成 Job。持续集成 Job 会自动进行 Build、单元测试和集成测试。这些自动测试通过后，本次代码提交会自动生成一个 Code Review 并通知其他组员，如果其他组员认可这次代码提交，程序员就可以把本次提交回归到主干（Master Branch）。

注意：具体流程的先后顺序每个公司可能都会有自己的设定，比如有些公司就会先进行 Code Review，然后再自动测试等。

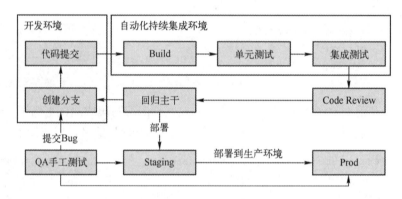

图 11-2　持续集成流程图

一般希望分支存在的时间尽量短，也就是尽快把分支合并到主干以避免冲突。由于 GraphQL 层主要逻辑会集中在 Resolver 函数和其依赖库中，所以尽量把 Resolver 函数分散到不同的文件以减少冲突。

QA 工程师对模拟环境（Staging）进行手工测试，如果手工测试没有问题，就可以把部署到 Staging 上的版本进一步部署到生产环境（Prod）中。往往模拟环境和生产环境会有些差异，有些 Bug 可能在模拟环境中不会显现，一定要到生产环境才显现，所以大多数情况下 QA 工程师对生成环境进行手工测试也是需要的。

11.3　压力测试与 Profiling

一般来说，有经验的开发者是不会在没有发现性能问题的时候，盲目对自己的代码进行优化的。那如何发现性能问题呢？其实最简单也是最有效的办法就是，让产品真正上线，让真实流量过来，看看代码实现有没有性能问题。但在这种情况下，万一发生了严重的性能问题，难免手忙脚乱，留给开发者解决问题的时间会很少，而且用户的体验也会受到影响。因此本节会介绍一些开发者经常使用的压力测试方式，让新产品或者新功能在上线前，能够及早发现性能问题，并从容地解决。

11.3.1 简单压力测试

使用 ab 来发送请求，代码如下：

```
ab -n 1000000 -c 200 -p g_payload.txt http://192.168.10.200:8888/query
```

把准备好的 GraphQL 查询放在 g_payload.txt 中，使用下面的命令就可以进入 Go 语言提供的 Profiling 界面得到更多的 GraphQL 服务运行时的信息：

```
go tool pprof goprofex http://localhost:8888/debug/pprof/profile
```

动动手：在 pprof 提示符下输入命令 web 生成一个 svg 文件，工具本身会自动使用默认的 Web 浏览器打开这个文件，看看这个 svg 图表达了什么样的信息。

11.3.2 Fork 生产环境流量

GraphQL 的请求结构往往比较复杂和多样，使用 ab 等压力测试工具产生的访问很有可能和真实的用户访问模式不同，有的性能问题只有在某种特定的访问情况下才会出现。图 11-3 展示了一种把生产环境的真实流量中分叉复制一小部分出来进行压力测试的办法。

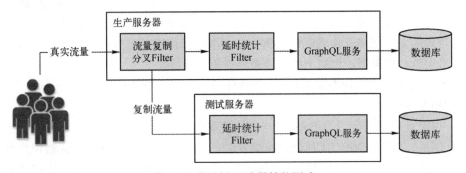

图 11-3　复制分叉流量性能测试

在图 11-3 中，由于 GraphQL 是单一入口的——所有的查询都通过一个 Endpoint 进来（这也是 GraphQL 服务的普遍情况），这让分叉流量的难度降低了很多，比如可以把真实请求的 1%复制发送给测试服务器。需要注意的是，这部分被复制的 Http 请求，生产服务器还是照常处理的。而且一般来说生产服务器和测试服务器是使用不同的数据库的。这样就做到了基本不影响生产服务器正常运行的情况下，让测试服务器也可以有一部分非常真实的流量。在实际应用中，生产服务器数量可能比较多，比如有 100 台生产服务器，而测试服务器可能只有一台，那只要每台生产环境服务器分叉出 1%的流量，就可以让测试服务器达到正常生产服务器的访问压力。类似地，如果分叉 2%的流量，就可以模拟出两倍于生产服务器的访问压力。

当有一些代码改动可能影响到整体性能的时候，只需要把新的改动部署在测试服务器上，然后比较生产服务器和测试服务器的访问延时，就可以发现新改动是否造成了性能下降。而且测试服务器各种操作和部署更新都比较方便，不用担心影响到生产服务器的正常运作。所以还可以灵活地采用多种方式，比如多打印一些 Log，或者在垃圾回收时进行内存快照来发现系统的瓶颈。这种复制分叉流量的方式对于发现和解决问题是很有利的。

需要注意的是，这种分叉复制真实流量的测试方式有一个局限，如果新加入一个以前没有的查询，因为生产环境的真实流量里还没有客户端会访问这个新查询，这部分查询就没法被压力测试覆盖，就起不到发现新查询性能问题的作用了。但这种情况下，仍然可以用分叉复制流量的方式来看看老查询是不是受到了新功能的影响。

11.3.3　使用访问日志进行压力测试

有时候出于安全等方面的考虑，开发者不能分叉真实生产环境的流量，又或者是需要模拟某些特定的极端情况，但又希望模拟尽量贴近真实的访问请求。此时可以从访问日志中提取真实请求，然后生成压力测试。

11.3.4　Diffy 测试

在压力测试中，不但要保证成功率和访问延时，还要验证返回的结果是否正确，也就是功能是否准确，这就比较麻烦了，因为 GraphQL 服务的查询是自由组合的，可能存在非常多的组合情况。前面介绍的单元测试和集成测试等功能测试方式是需要写测试代码的，而且需要开发者自己来设计测试用例。设计测试用例是个很难周全的任务，因为服务很可能会在一些边边角角的地方出错。作者经常遇到一些大型项目维护了海量的测试用例，但是依然会遇到一些错误没有被覆盖，直到上线后才被最终用户发现。

那么本节就来介绍一种不需要写测试代码和设计测试用例的测试方式——由 Twitter 公司研发的 Diffy[⊖]测试框架。

Diffy 也是采用前面介绍的 Fock 生产环境流量的方式。由生产服务器分流出一定百分比的流量到 Diffy 代理。Diffy 代理会把流量复制三份，分别发送到测试服务器和两台（主、从）Diffy 服务器。相应地，把要进行测试的最新改动部署到测试服务器，而把成熟稳定、确认功能完好的代码部署到两台 Diffy 服务器。

如图 11-4 所示，对于每一个 GraphQL 请求，测试服务器的返回结果会和 Diffy 主服务的返回结果进行比较，并把不同结果汇总到一起。但是这样的结果可能会有很多"噪声"，因为即便是同样的请求发送两次，也可能会出现一些不同的结果字段。比如创建同样一条微博两次，就会得到两个不同的微博 ID。所以，Diffy 同时还会把 Diffy 主服务和 Diffy 从服务的结果进行比较，由于这两个服务部署着完全同样的代码，如果有不同的结果字段，基本就可以认定为"噪声"字段。这样一来，就可以用已知的"噪声"字段对前面得到的不同结果进行消噪，而得到更有价值的测试结果。

⊖ https://github.com/twitter/diffy。

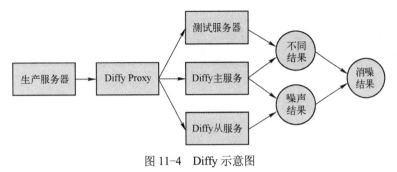

图 11-4　Diffy 示意图

11.4　开发环境部署

开发者一般希望 GraphQL 服务开发环境满足以下特点：

● 方便连接数据库等众多下游服务。

● 可以方便地使用负载均衡。

● 代码修改后可以自动重新部署服务。

11.4.1　配置下游服务

由于 GraphQL 服务依赖的下游服务经常会比较多，可以使用 Docker-compose⊖来一次性启动和管理 GraphQL 及其下游服务的所有节点。一般来说，会把每一个独立的服务部署到一个独立的 Docker 容器中，Docker-compose 的作用就是把这些 Docker 容器组合在一起。下面是 GraphQL 服务的 Docker-compose 配置的例子：

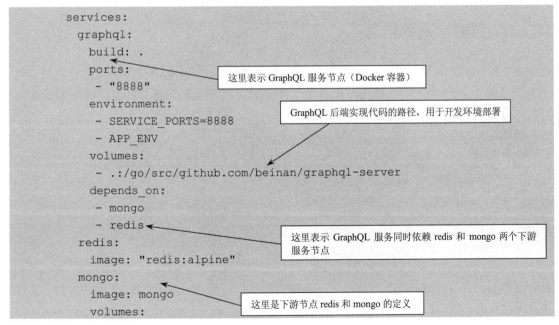

```
services:
  graphql:
    build: .
    ports:
     - "8888"
    environment:
     - SERVICE_PORTS=8888
     - APP_ENV
    volumes:
     - .:/go/src/github.com/beinan/graphql-server
    depends_on:
     - mongo
     - redis
  redis:
    image: "redis:alpine"
  mongo:
    image: mongo
    volumes:
```

这里表示 GraphQL 服务节点（Docker 容器）

GraphQL 后端实现代码的路径，用于开发环境部署

这里表示 GraphQL 服务同时依赖 redis 和 mongo 两个下游服务节点

这里是下游节点 redis 和 mongo 的定义

⊖ Docker-compose 的具体安装过程请参考 https://docs.docker.com/compose/。

```
    - 'mongodb-data:/data/db'
  volumes:
    mongodb-data:
```

上面配置中的具体细节，读者可以参考 Docker-compose 的官方文档。这里只关注 GraphQL 服务节点和下游服务节点部分，为 GraphQL 服务部署了两个下游数据服务——mongo 和 redis。

在 GraphQL 服务代码中怎么找到 MongoDB 和 redis 的地址呢？请看下面 Go 语言的代码（其他语言也是一样的方式）：

```
func newClient(dbname string) *MongoDB {
  uri, dbname := "mongo", dbname
  logger.Infof("Dialing mongodb: %s", uri)
  session, err := mgo.Dial(uri)
  if err != nil {
    logger.Info(err)
    panic("mongodb dialing failed!")
  }
  return &MongoDB{session, dbname}
}
```

> 注意这里 uri 的值，后端实现就是通过这个 uri 来找到下游服务的

其实很简单，只需要使用在 Docker-compose 中指定的容器名字——mongo 即可。

有了上面这些设定，使用下面这条命令，就可以把 GraphQL 和其他下游服务同时启动：

```
docker-compose up
```

11.4.2　负载均衡的部署

其实对于开发环境，多数时候只需要启动一个 GraphQL 服务节点就足够了。不过有时候为了 debug 某些需要多个 GraphQL 节点一同工作才能出现的问题，需要在多个 GraphQL 节点之前加入一个负载均衡器。

负载均衡的配置如下：

```
lb:
  image: 'dockercloud/haproxy:latest'
  links:
   - graphql
  volumes:
   - /var/run/docker.sock:/var/run/docker.sock
  ports:
   - '8080:80'
```

这里使用 Docker 环境中非常常见的 Haproxy 实现。当存在多个 GraphQL 服务节点时，Haproxy 会均衡地把客户端请求转发到每个 GraphQL 容器。

再来看如何使用 Docker-compose 启动并维护多个 GraphQL 服务，其实非常简单，只需要在启动 Docker-compose 的时候附带一个参数 scale：

```
docker-compose up --scale graphql=3
```

这时 Docker-compose 就可以同时启动三个 GraphQL 的服务节点。

部署后，开发环境的结构如图 11-5 所示。负载均衡 Haproxy 会把请求均衡分配到三个 GraphQL 节点，而这三个 GraphQL 节点又会访问 mongo 和 redis 这两个数据服务节点。

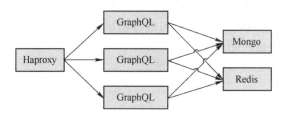

图 11-5　开发环境 Docker 容器示意图

动动手：开发者可以观察 Docker-compose 产生的日志，看看负载均衡 Haproxy 是如何工作的。

11.5　生产环境弹性部署

在大型分布式系统中，开发者往往把包括 GraphQL 在内的众多服务无差别地部署到非常多的节点上，每一个节点可以是一台物理意义上的真实服务器，也可以是一个虚拟机，也可以是个 Docker/Mesos 容器。到底要部署到多少个节点上呢？这个不一定，会根据实际情况，经常临时增加或减少。而且有时候还会去掉有问题的节点，临时加入用来顶替问题节点的新节点。

图 11-6 所表现的就是服务节点动态加减的情况，会在需要的时候移除有问题或者需要更新的节点，并即时加入新节点。部署的可用服务节点很可能是动态的，在实际生产环境中，可能会不断有出问题的服务下线，新部署好的服务上线或是运行中的节点重启等。

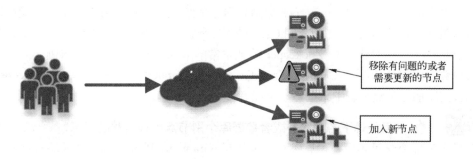

图 11-6　动态管理服务

其实从服务的部署和管理的角度来说，GraphQL 服务只是无数微服务中的普通一员。但不同之处在于 GraphQL 服务是其他微服务的一个汇总站，它会和非常多的其他服务打交道。那么怎么避免在其他服务中增加或减少节点，以及个别节点出现问题时，不影响 GraphQL 服务本身的正常运行呢？

Q&A　　**为什么不通过停机维护解决增加和减少节点的问题？**

停机维护这个想法不能说错，很多网站的确会选择在流量非常低的深夜或者清晨进行整个分布式系统的停机维护。但随着系统日益庞大，停机维护往往已经不是几个小时就能完成的任务了，而且对于阿里、百度、京东等这样的网站，即便是深夜，流量也是不可小觑的，因此在深夜停机几个小时，对于他们的损失也是巨大的。而且对于 Facebook 和 Twitter 这样全球化的互联网服务，是很难找到一个时间进行悄然的停机维护的。所以对于非常多的互联网应用，采用的是上面介绍的动态更新方式。

11.5.1　服务注册与发现

一般来说，开发者会使用一个中心化的服务来保存服务节点列表。很多有经验的读者可能已经想到了大名鼎鼎的 Apache Zookeeper。Zookeeper 背后有非常大的活跃社区，也被非常多的公司使用，其网上相关资料也非常多，作者就不在本书中具体展开了。

图 11-7 中以数据库为例，展示了 GraphQL 服务如何找到可用的数据库服务节点。

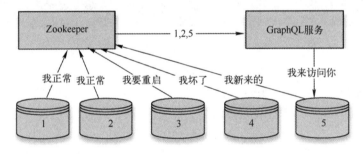

图 11-7　Zookeeper 管理数据库服务节点

如图 11-7 所示，每一个正常的数据库服务节点都会向 Zookeeper 注册自己，出了问题或者准备重启的节点也会向 Zookeeper 来通报自己的情况。这样一来 Zookeeper 就可以维护一个可用服务节点的列表，并向 GraphQL 服务定期通报。比如图 11-7 中，数据库节点 3 和节点 4 就出现了一些"状况"，Zookeeper 就把正常的节点 1 和节点 2 以及刚加入的新节点 5 作为可用数据库服务节点列表发送给 GraphQL 服务。GraphQL 服务就可以在 Zookeeper 提供的可用数据库服务节点列表中来选择一个或者多个进行访问。

Q&A　　**如何处理下游微服务或者数据库个别节点出现问题的情况？**

开发者可能会使用不同的微服务框架来实现 GraphQL 服务。但基本的思路就是会在客户端再维护一个可用服务节点列表。如果某个节点频繁出现超时或者网络连接错误，就把这个节点标记为不可用，然后使用其他服务节点。很多读者可能会问，既然有 Zookeeper 提供的可用服务列表，为什么还要自己再来维护一个列表呢？因为 Zookeeper 列表中的节点未必真的就可用。比如某服务节点本身可能没有问题，问题仅仅发生在该服务节点到客户端之间的网络链路上，这样这个客户端很有可能是唯一知情的，所以保存一个自己的可用服务节点列表就很有用了。

11.5.2 高可用性系统

GraphQL 开发者可能常会被问到，GraphQL 层是否会造成整个分布式系统的单点故障？

Q&A　**什么是单点故障？**

所谓单点故障（Single Point of Failure，简称 SPOf）指的是系统中有那么一小块，看似不太大，但只要它坏了，整个系统就无法正常服务了（或者说大部分功能不能用了）。

读者可以想象一下，在采用 GraphQL 的分布式系统中，前后端的所有通信都通过 GraphQL 这一层。如果 GraphQL 服务出现问题，岂不是系统后端所有的服务，前端都没法使用了？于是 GraphQL 服务器也成了所谓的单点。

思考：如何解决 GraphQL 成为单点的问题？

提示：GraphQL 和 RESTful 服务具有相似的无状态特性，开发者也可以使用和 RESTful 服务类似的方式，通过部署 GraphQL 冗余服务器来消除单点。

其实前文已经给出了消除 GraphQL 单点问题的具体方式，可以参考前面开发环境中使用的 Haproxy 和 GraphQL 组合的方式，部署多个冗余的 GraphQL 服务节点来消除单点。

动动手：在使用 Haproxy 负载均衡的时候，强迫某个 GraphQL 节点下线（比如删除 Docker 容器），看看会发生什么？GraphQL 服务是否会受到影响？

后　　记

希望读者可以通过本书喜欢上 GraphQL 这门技术，并喜欢上全栈开发，如果合适，也能在自己的项目中使用 GraphQL。

没有技术是万能的，GraphQL 也有自己的局限和问题。但不能否认 GraphQL 技术给全栈开发带来的便捷，其强大灵活的查询方式，尤其适用于需求经常变化的移动互联网产品开发。所以在可以预知的将来，GraphQL 会在国内外的 IT 公司中，尤其是移动互联网项目中，得到更广泛的应用。

移动互联网的全栈技术可谓日新月异，尽管本书尽量采用时下最流行的技术，但在本书成书之时，难免有些东西就已经过时了。所以本书尽量在涉及具体技术时也提供其官网链接，方便读者查看这些技术的最新情况。另外，作者的 GitHub 代码库也会一直保持更新，以适应 GraphQL 和其他全栈技术未来的更新。

希望我们本书第 2 版再见。

2018 年夏　写于旧金山